観光亡国論

アレックス・カー
東洋文化研究家

清野由美
ジャーナリスト

650
中公新書ラクレ

はじめに

日本で広がる「観光公害」

訪日外国人、いわゆるインバウンドの数は、２０１１年の６２２万人から右肩上がりで増加。いよいよ18年は３０００万人を突破することが確実視され、政府の掲げる４０００万人の達成も、東京オリンピック・パラリンピックで現実味を帯びてきました。それに伴い、政府の「観光立国」の旗印のもとで、全国にインバウンド誘導のブームが起きています。

私は80年代から観光産業の可能性を予見し、京都の町家(まちや)や、地方の古民家を一棟貸しの宿泊施設に再生する事業を実践してきました。08年には国土交通省から「VISIT JAPAN大使」の任命を受け、その趣旨の通り、外国人旅行者の受け入れ態勢に関する仕組みの構築や、外国人に対する日本の魅力の発信を行っています。つまり、観光振興の太鼓をずっと叩き続けたといっていい。インバウンドの〝促進役〟という自覚は今にいたるまで変わっていません。

しかし、最近の日本は観光客が急激に増加したことにより、いたるところで「観光公害」ともいうべき現象が引き起こされるようになりました。それらの実情を見るにつれ、「観光立国」どころか、「観光亡国」の局面に入ってしまったのではないかとの強い危機感を抱くようになっています。

「観光公害」を最も顕著に見ることができるのは、日本を代表する観光都市、京都です。

私は70年代後半から京都市の隣にある亀岡市を拠点に、日本で暮らしています。京都の町と自然が好きで、時間を見つけては、お寺や神社、路地裏を散歩していました。古いお寺に宿る美しさ、人々が受け継いできた町並み、静謐（せいひつ）な自然景観など、神や神道の精神性を感じる時間を、とても大切に思っていました。

しかし、清水寺、二条城といった〝超〟の付く名所だけでなく、以前は閑静だった京都駅南側のお寺や神社でも、今は人があふれ返っています。

たとえば、全国に約3万社あるといわれる稲荷神社の総本社で、山際の参道に赤い鳥居が連なる伏見稲荷大社。その鳥居が写真系ソーシャルメディア（ＳＮＳ）のインスタグラムと相性が良い、つまり〝インスタ映え〟することから人気で、いつ行っても、鳥居の下に人がびっしりと並んでいて参拝もままなりません。美しい禅庭がある東福寺は、紅葉の季節になると、開門からすぐに、庭を一望できる通天橋の上に人が連なり、立ち止まることもできません。

伏見稲荷や東福寺に限らず、穴場的だった名所でも、今はひとたびＳＮＳで拡散されるや、たちどころに荒らされてしまいます。嵐山・竹林の道は、もはや通勤ラッシュの様相で、京都を好きな人が昔の気分でうっかり出かけると、疲労困憊（こんぱい）するはめに陥ります。

紅葉の季節、人並みで埋まる東福寺の参道。京都市東山区にて。2017年11月23日撮影。読売新聞社提供

観光シーズンの京都では、駅が混みすぎて、普通に電車で移動することが難しくなりました。

駅のタクシー乗り場には長い行列ができて、数十分待ちはザラですし、そうなると町中も渋滞して、住民の暮らしが脅かされるようになります。

世界を覆う「オーバーツーリズム」と「ツーリズモフォビア」

観光公害は京都だけでなく、世界中で問題になっている、きわめて今日的な社会課題でもあります。

「観光立国」の先駆けヨーロッパでは、バルセロナ、フィレンツェ、アムステルダムといった、世界の観光をリードしてきた街を中心に、「オーバーツーリズム（観光過剰）」という言葉が盛んにいわれるようになり、メディアでは「ツーリズモフォビア（観光恐怖症）」という造語も登場するようになりました。

ちなみに「オーバーツーリズム」という言葉は、２０１２年にツイッターのハッシュタグ「#overtourism」で認知されるようになったものですが、現在では国連世界観光機関（ＵＮＷＴＯ）が、「ホストやゲスト、住民や旅行者が、その土地への訪問者を多すぎるように感じ、地域生活や観光体験の質が、看過できないほど悪化している状態」と、定義を決めています。

この定義では数値ではなく、住民と旅行者の「感じ方」を重視しているところが特徴です。すなわち、多くの人が「観光のために周辺の環境が悪くなった」と思う状態が、オーバーツーリズムなのです。

観光による地域活性の〝優等生〟であったバルセロナやフィレンツェですが、今では世界中からやってくる観光客が、京都以上に住民の生活を脅かすようになっています。

中でも、現代ならではの課題の筆頭が「民泊」です。有名な観光地では、民泊として運用することをあてこんでマンションが乱造され、相場よりもさらに高い価格で取り引きされます。民泊バブルが起こった結果、周辺の地価・家賃が上がり、もとか

大型の荷物を持った観光客で賑わう南海難波駅のホーム。一般通勤客から「通路がふさがれて困る」といった苦情も。大阪市にて2016年９月ごろ撮影。読売新聞社提供

らいた住民が住めなくなってしまっているのです。

民泊に泊まる客の中には一部、道端で飲食をする、隣の敷地内に入る、ゴミを始末しないといった近隣への迷惑行為を行う人が見られます。しかもそのような旅行者が短期間滞在してトラブルを起こしても、持ち主が不在で連絡の取りようがなく、問題は未解決のまま悪循環に陥りがちです。

また、世界中どこでも、観光客は大きなスーツケースを持って移動します。それによって電車やバスが混み合うことに加え、彼らがガラガラと引きずるスーツケースの車輪は、案内サインが書かれている駅構内の床やプラットフォーム、舗装路、そして車両を傷めます。それらのメンテナンスは受け入れ側が担うしかなく、住民にとっては、税金などによるコストを負担させられるとともに普段の足も邪魔をされるという、何重もの理不尽状態を生み出しています。

必要なのは「マネージメント」と「コントロール」

そのような負の側面は、観光振興の旗を振っている最中には、なかなか目が行き届きません。

ただし現在では「観光公害」の事例が日本のみならず、世界中で見られています。対策を考えるベースはできているのです。日本もそこから習って、適切な解決策を取れるはずです。私は「観光反対！」ということは、決していっていません。むしろ「観光立国」には大賛成ですし、今後もそのための活動を続けていくつもりです。

実際、インバウンドは日本経済を救うパワーを持っています。国際的な潮流を日本の宿や料理に吹き込むことによって、新しいデザインやもてなしも生まれていきます。観光の促進は、日本への理解を国際的に高め、日本文化を救うチャンスであり、プラスの側面は大きいのです。

ただし、それらは適切な「マネージメント」と「コントロール」を行った上でのことだと強調したいのです。前世紀なら「誰でもウェルカム」という姿勢の方が、聞こえはよかったかもしれません。しかし、億単位で観光客が移動する時代には、「量」ではなく「価値」を極めることを最大限に追求するべきなのです。

この本は、そのような私の危機意識をもとに、内外における数々の事例を集め、問題提起とともに、採るべき方策、解決案を探っています。文中はアレックス・カーの一人称で記していますが、論点の整理、調査、検証はジャーナリストの清野由美と二人で取り組みました。

　この本を通じ、日本の「観光立国」にとって、よりポジティブで有効な解決の道筋を示すことができればと願っています。

目次

第2章　宿泊

第3章　オーバーキャパシティ……67

第4章　交通・公共工事……87

第5章　マナー

第6章　文化

第7章　理　念…………163

図表作成／ケー・アイ・プランニング
本文ＤＴＰ／市川真樹子

観光亡国論

第1章 ティッピング・ポイント

「立国」が「亡国」になるとき

猛暑の中、満員のバスに乗車できず、外国人観光客らが長蛇の列を作った。京都市東山区の清水寺近くにて。2018年８月５日撮影。読売新聞社提供

「観光産業」の可能性

戦後長く、製造業が日本経済の屋台骨を支えてきました。実際、日本のＧＤＰは、その約2割が製造業で占められています。製造業の代表選手であるトヨタ自動車の「決算要旨」によると、２０１８年3月期の連結純利益で、過去最高の2兆４９３９億円を記録。そのときの売上高は、連結ベースで29兆３７９５億円でした。

しかし、経済産業省なども発表していますが、生産拠点の海外展開などから、日本経済を支えた製造業の力は長期的に見て低下傾向にあります。

そのような製造業に代わり、国を支える新しい「産業」として、すでに日本経済全体への貢献を始めているのが「観光」です。

平成30年版の「観光白書」（観光庁）によると、17年のインバウンド数は２８６９万人。5年前（12年）の８３６万人と比べて3・4倍になっています。

それに伴い、インバウンドの消費額は5年前の1兆８４６億円から4兆４１６２億円と、4・1倍になりました。つまりインバウンドが日本で消費する金額は、すでにトヨタの過去

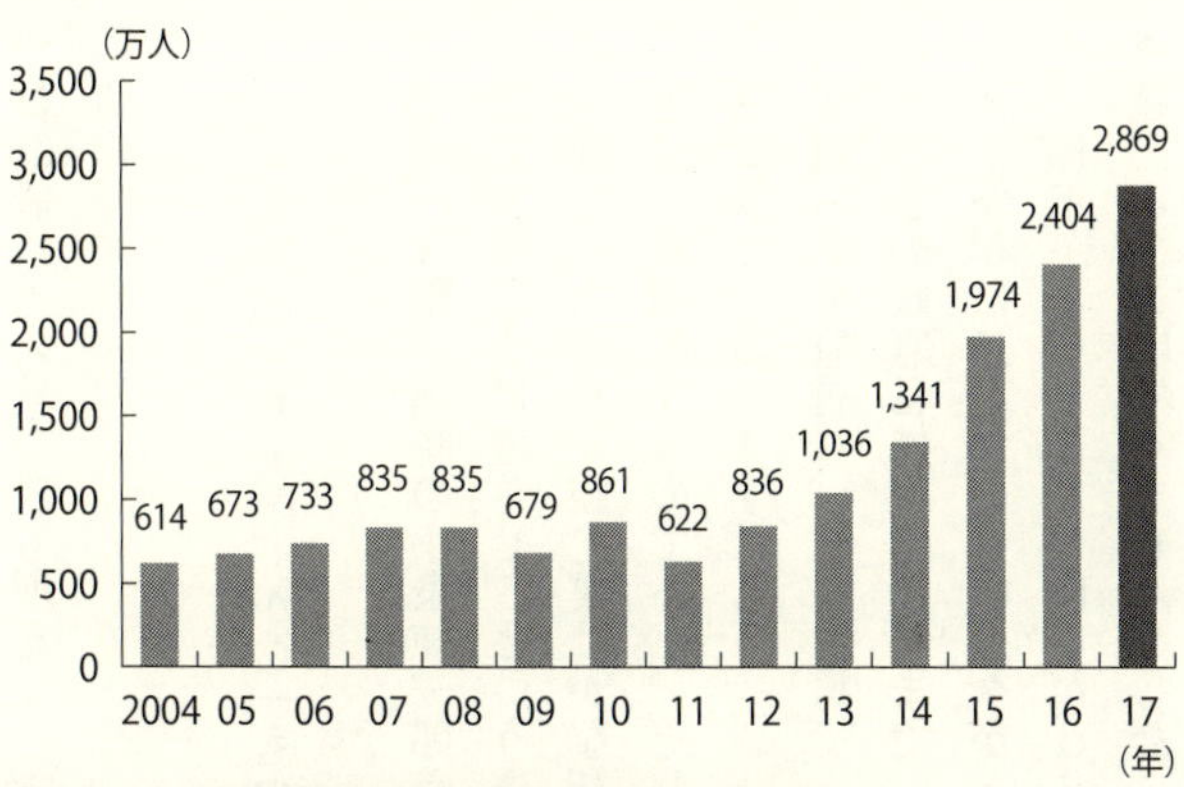

［図表１］**訪日外国人旅行者数の推移**（確定値）
出典：観光庁「観光白書」平成30年版

最高益の、１・６倍になっているのです。

インバウンドは、宿泊、飲食、鉄道、バス・タクシーなど、観光業全般の売り上げ増加にダイレクトにつながると同時に、小売業の売り上げも促進します。

日本のドラッグストアで、美肌パックや紙おむつが、中国人観光客に〝爆買い〟されていることが話題になりましたが、小売業内での医薬品・化粧品のシェアは、インバウンドの増加とともに広がっています。

宿泊業用の工事費予定額も、17年は９４００億円と、５年前の１１００億円から８・４倍になりました。厚生労働省の「平成29年雇用動向調査」によると、24歳以下の就業者は宿泊・飲食サービスで増加しており、また13年前に比べると、現在では65歳以上の就業者も増えています。つまり雇用においても、観光業は存在感を発揮しているのです。

「ものづくり大国」から「もの誇り大国」へ

2003年、当時の小泉純一郎首相が、国会施政方針演説を通じて「観光立国」を宣言し、外国人旅行者を倍増させるという方針を打ち出します。それまで日本では何といっても製造業の存在が大きく、観光業はかなり軽視されていました。だからこそ小泉首相が発表したこの方針は画期的なものであり、それゆえにその宣言が現在の安倍晋三内閣にいたるまで、引き継がれているのです。

小泉首相の宣言後、政府主導で「ビジット・ジャパン・キャンペーン」が始まりました。そのときの政府目標は、10年までにインバウンド数を年間1000万人に増やすことでした。しかし08年にリーマンショックがあった影響で、世界的に経済が冷え込み、09年が679万人、10年が861万人、11年が622万人と、年間インバウンド数は12年までは900万人を超えることはありませんでした。

その後、20年の東京オリンピック・パラリンピック開催が決まった13年に、インバウンド数は1036万人に増加。14年には「20年に2000万人」という目標を掲げ直しました。その「2000万人」も、16年に早々と達成。17年の「観光ビジョン実現プログラム2017」では、「2020年に4000万人の訪日外国人旅行者」と「8兆円の旅行消費額」と、一気に2倍に書き換えられました。

その後、同プログラムでは「30年には6000万人の訪日外国人旅行客」と、目標の数字が上方に書き換えられています。この勢いで行けば、いつの間にか「20年は5000万人」などと、さらに上書きされてしまうかもしれません。

もちろん、政府や役人の予測はあてにならない、といいたいのではありません。インバウンドの爆発的な急増は、日本が初めて経験したもので、ほとんど誰も予想できないことだった、ということを、この話は如実に表しているのです。

観光が都市の基幹産業になる流れは、すでにニューヨーク、サンフランシスコ、パリなど、欧米ではすでに通ってきた道であり、世界的にいうと新しい話題ではありません。

しかし日本にとって、基幹産業が重厚長大型から観光のようなサービス型に転換することは、大きなパラダイムシフトです。加えて先に述べたように、日本では観光業の盛り上がりがあまりに急でした。だからこそ、解決法も急いで考えなければいけないのです。

20世紀の先進国では、GDPは製造業が牽引してきました。それに最も成功したのが戦後の日本で、「ものづくり日本」というスローガンが高く掲げられてきたわけです。しかし欧米先進国の流れは、ものづくりからサービス業や観光業へと変わっていますし、すでに日本もその流れに巻き込まれています。

観光庁の「旅行・観光消費動向調査」では、17年のインバウンド旅行消費額も含めた、日本における旅行消費額は26・7兆円となっています。これは、先に挙げたトヨタの総売上高と拮抗する数字で、観光が「産業」として、いかに活性化したのかを表しています。日本は「ものづくり大国」から「もの誇り大国」へ、スローガンを変更する時期に来ているのです。

なぜ日本に観光産業が必要なのか

ここでなぜ日本に観光産業が必要か、抱えている社会課題に基づいてお話ししていきましょう。

戦後の高度経済成長を背景に、前世紀の日本ではベビーブームや地方から都会への労働力

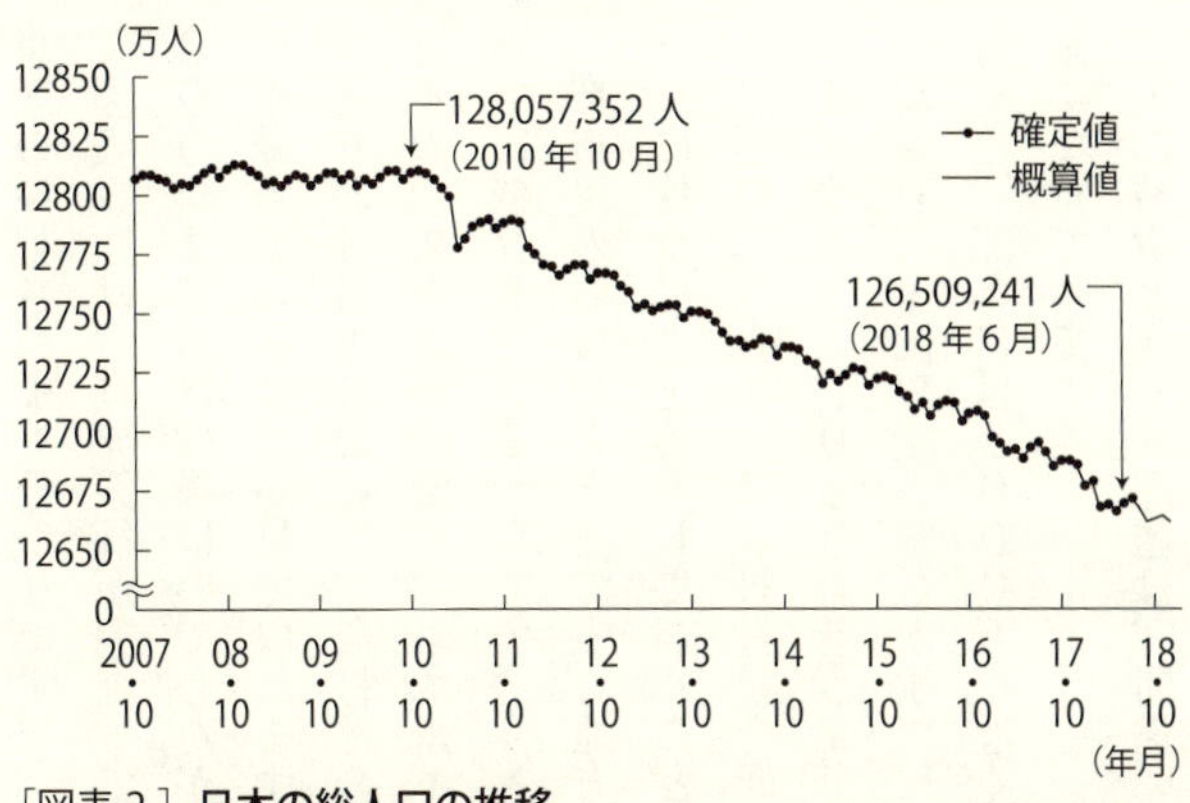

［図表２］**日本の総人口の推移**

出典：総務省統計局「総人口の推移」（人口推計2018年６月確定値、2018年11月概算値。2018年11月20日公表）

の移動が起こり、都市部では「人口増加」と「住宅不足」が大きな社会課題でした。

しかし21世紀に入ると、社会は少子化、高齢化にさらされ、経済も成長速度を落としていきます。課題は「人口減少」「空き家問題」と、対極のものになりました。

［図表２］は総務省統計局による日本の総人口の推移です。

統計によると、16年から17年の１年間では35万２０００人が、また17年から18年の１年間では40万１０００人が減少しました。

35万人から40万人という人口は、東京23区では品川区、県庁所在地では岐阜市、宮崎市、長野市に匹敵します。わずか1年のうちに、大きな行政区がなくなってしまうと考えると、事態の深刻さがよく分かります。

［図表3］は、世界銀行が調査している、日本の農村部人口の推移です。1975年から2000年まではほぼ横ばいでしたが、それ以降、21世紀になってから激しい傾斜を描いて人口が減っていることが見て取れます。

とりわけ日本において、農村部の人口減少は深刻な問題を引き起こします。なぜならば、日本のシステムは労働力、エネルギー、食べ物と、生活に必要なすべてを、農村部を含めた地方に依存しているからです。

都市民の暮らしを支えている地方と農村部が凋落するとなれば、経済の中心である都市もそれに伴って力を落としていくことは必至です。

さらに［図表4］は、野村総合研究所が2018年6月に発表した日本の空き家数と空き家率の推移と、2033年時点までの予測値です。

現時点で全国の空き家数がすでに1000万戸を超えているのも驚きですが、このままで行くと、33年には2000万戸近くにまで達することが見込まれており、ショッキングな予測になっています。

人口減少と空き家問題は、間違いなく日本が抱える大問題です。その要因は複雑に絡み合

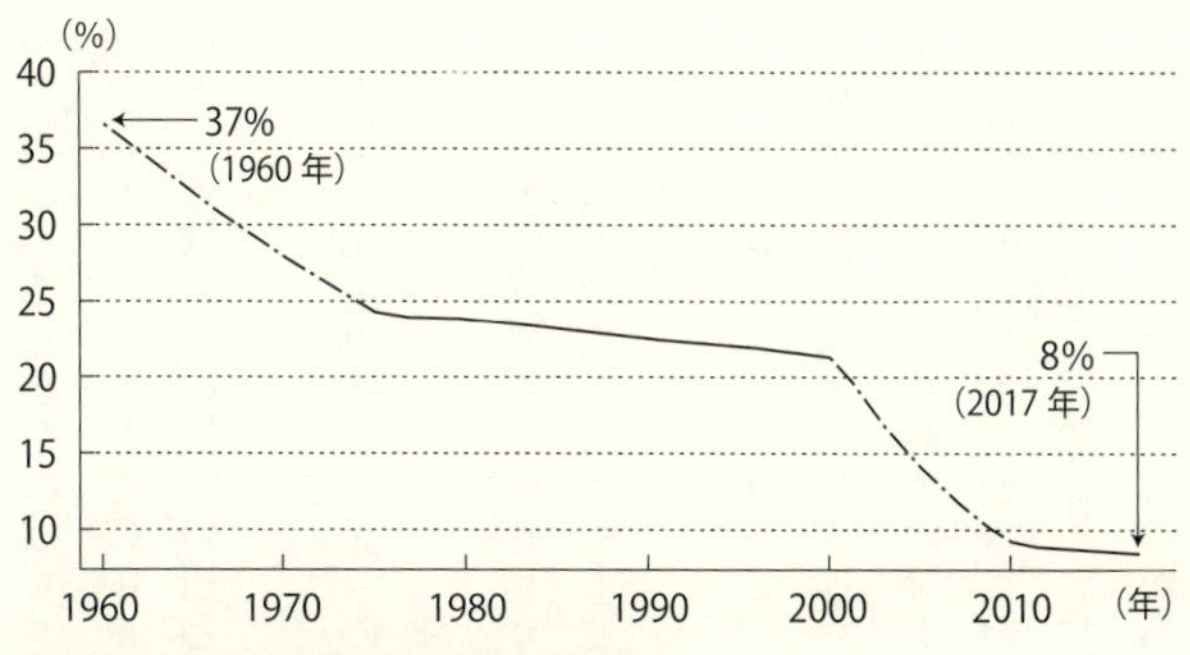

［図表3］**日本の農村部人口の推移**

出典：World Bank open data, Rural population Japan

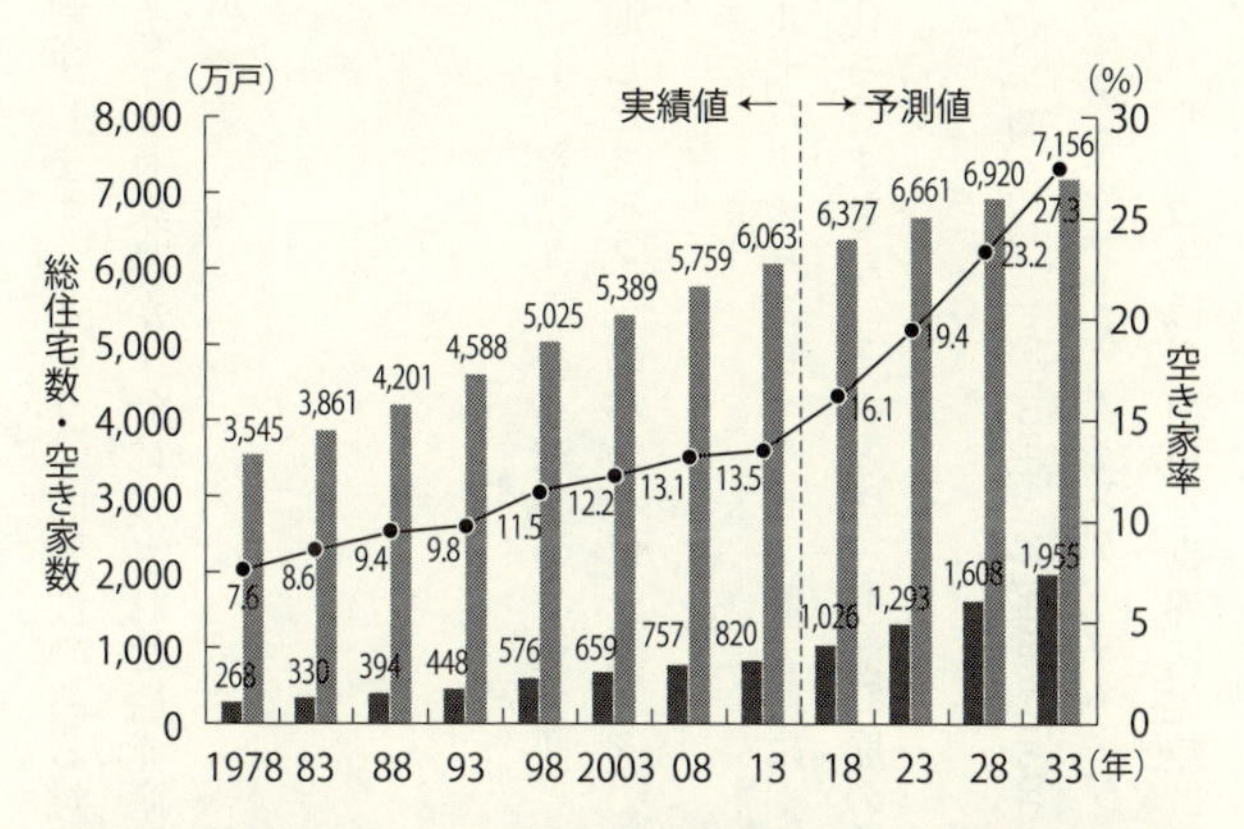

［図表4］**総住宅数・空き家数・空き家率の実績と予測値**

出典：実績は総務省「住宅・土地統計調査」より。予測値は野村総合研究所

っており「これをやればすっきりと解決します」という、即効性のある対策はなかなか生み出しにくい。しかしその中にあっても、成長余地が十分に残された観光産業の育成は、日本にとって数少ない救いの道といえるのです。

「バルセロナモデル」の崩壊

しかし薬に効用と副作用があるように、観光も万能ではありません。

世界に名だたる観光都市として躍進したスペインのバルセロナは、その明暗も世界に先駆けて経験しました。

バルセロナは、1992年の「バルセロナオリンピック」開催を機に、旧市街や観光名所の整備による「まちおこし」を本格化させました。そのとき、経済発展の基盤として重点を置かれたものが「観光」でした。

地域の観光振興における概念として「DMO（Destination Management/Marketing Organization）＝観光地域作りにおいて、戦略策定やマーケティング、マネージメントを一体的に行う組織体」というものがあります。バルセロナはDMOを世界に先駆けて組織し、都市再生と観光振興を結びつけました。サグラダ・ファミリア教会に代表される文化資産の再評価や、商業街・住宅街の再整備に加え、国際会議の誘致など、同市が取り組んだリバイバルプランは話題を呼び、都市再生と観光誘致の理想形として、世界にその名をとどろかせました。

しかし、2010年を過ぎたころから、その反動が表面化します。観光名所が集中するバルセロナの旧市街は、もともと高い人口密度を持つエリアでした。格安航空会社や大型クルーズ船の浸透で、そのような場所に年間4000万人から5000万人という観光客が押し寄せるようになったことで、交通やゴミの収集、地域の安全管理などの公共サービスは打撃を受けました。それだけではありません。土地代の高騰で、観光繁忙期に働きに来ていた労働者が滞在する場所もなくなり、サービスの担い手不足という事態も起こったのです。

やがて、観光による経済振興以前に、自分たちの仕事環境、住環境、自然環境をいかに守るかが、住民にとっては最優先の課題となりました。観光促進をリードした町では、市民たちが「観光客は帰れ」というデモを行い、町中には「観光が町を殺す」といった不穏なビラが貼られるようになりました。

世界的に見て、類稀なる都市再生の優等生とされたバルセロナですが、「観光公害」に悩まされるようになった今、むしろ「ノーモアツーリズム」の先頭に立っているのは皮肉なことでもあります。

中国人観光客の増加と観光公害の広がり

バルセロナをはじめ、世界各国の観光地が悩まされている「観光公害」ですが、その要因は多様です。

日本国内でいうと、観光立国戦略のもとで外国人の入国者、とりわけ中国人に対するビザの緩和措置が挙げられますが、世界で共通の要因としては以下のものが考えられます。

- 新興国からの観光客の増加。
- LCC（Low Cost Carrier ＝格安航空会社）の台頭で、海外旅行体験のハードルが著しく下がったこと。
- SNSなど、言語の壁を超えた情報の無料化が進み、そこに「セルフィー（自撮り）」という新しい自己顕示のトレンドが生まれたこと。

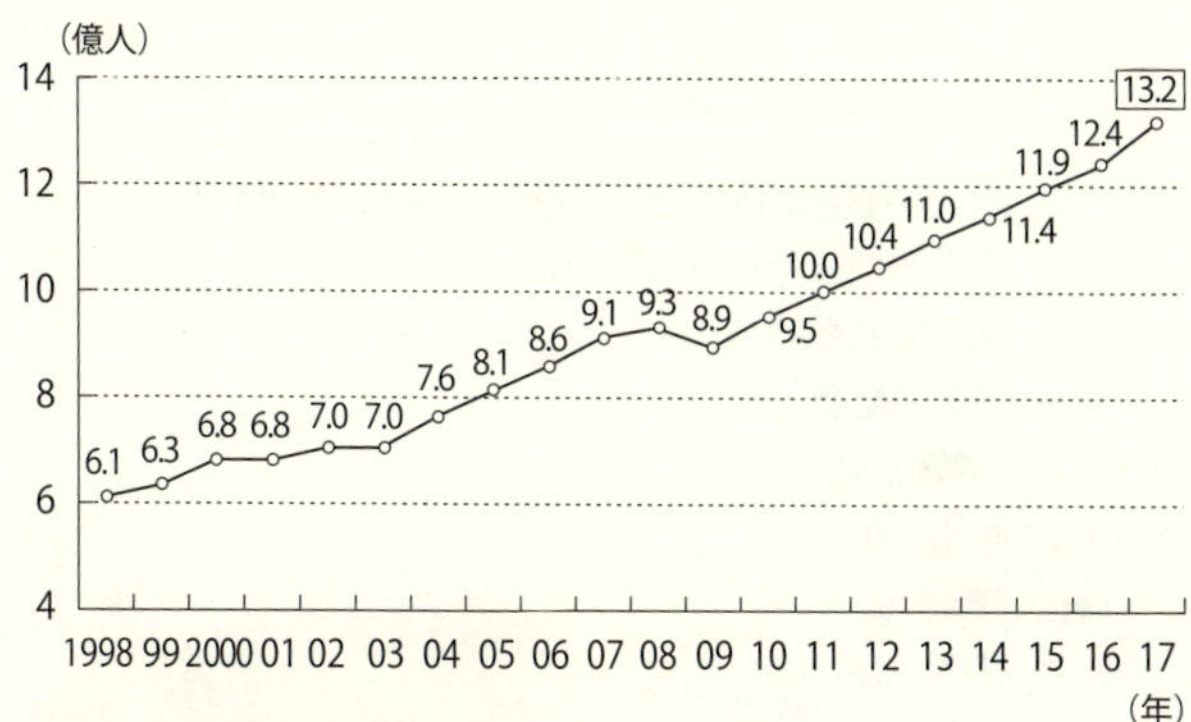

［図表5］**国際観光客数の推移**
出典：観光庁「観光白書」平成30年版

新興国の観光客の中で、とりわけ大きな現象は、中国人観光客の爆発的な増加です。中国国家統計局によると中国人の海外旅行者数は2005年には3000万人でしたが、16年には1億3000万人へと大きく増加。国連世界観光機関の「国際観光支出」によれば、世界での観光消費額も2位のアメリカに2倍の差をつけて、ダントツになっています。日本政府観光局の「訪問客数の推移」によると、来日する中国人観光客も16年に過去最多の637万人となり、前年比で25％以上も増えたとされています。

中国人、特に団体客のマナーの悪さが群を抜いて目立つのは、数が圧倒的に多いので仕方がないのかもしれません。しかし、現在の中国ではパスポートを発給されている人は、まだ人口の数％に過ぎない

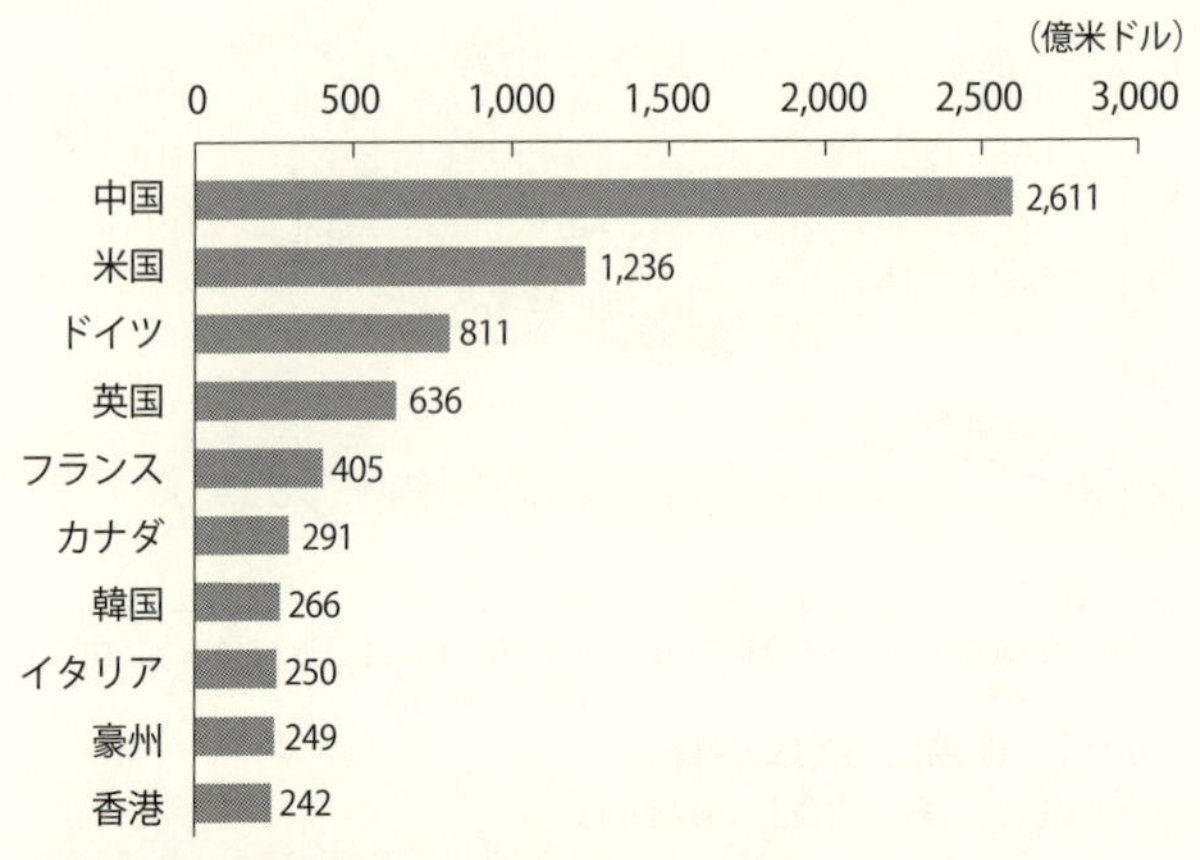

［図表６］**国際観光支出ランキング**（2016年）
出典：観光庁「観光白書」平成30年版

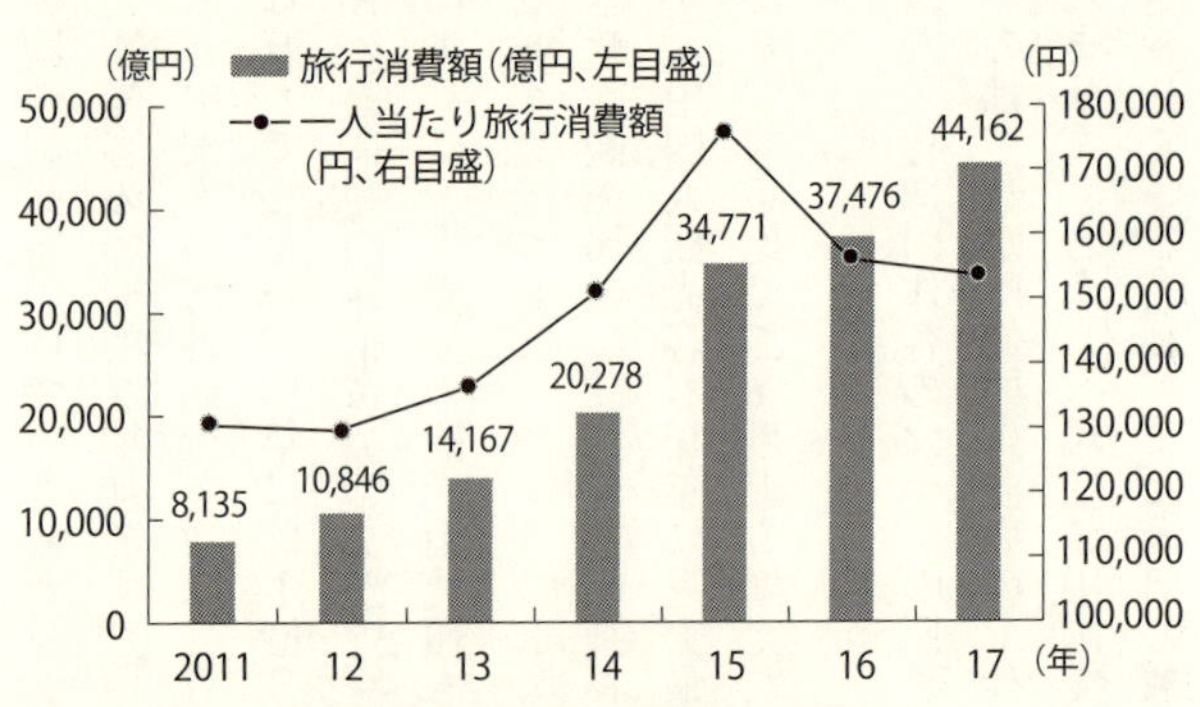

［図表７］**訪日外国人旅行者による消費の推移**
出典：観光庁「観光白書」平成30年版

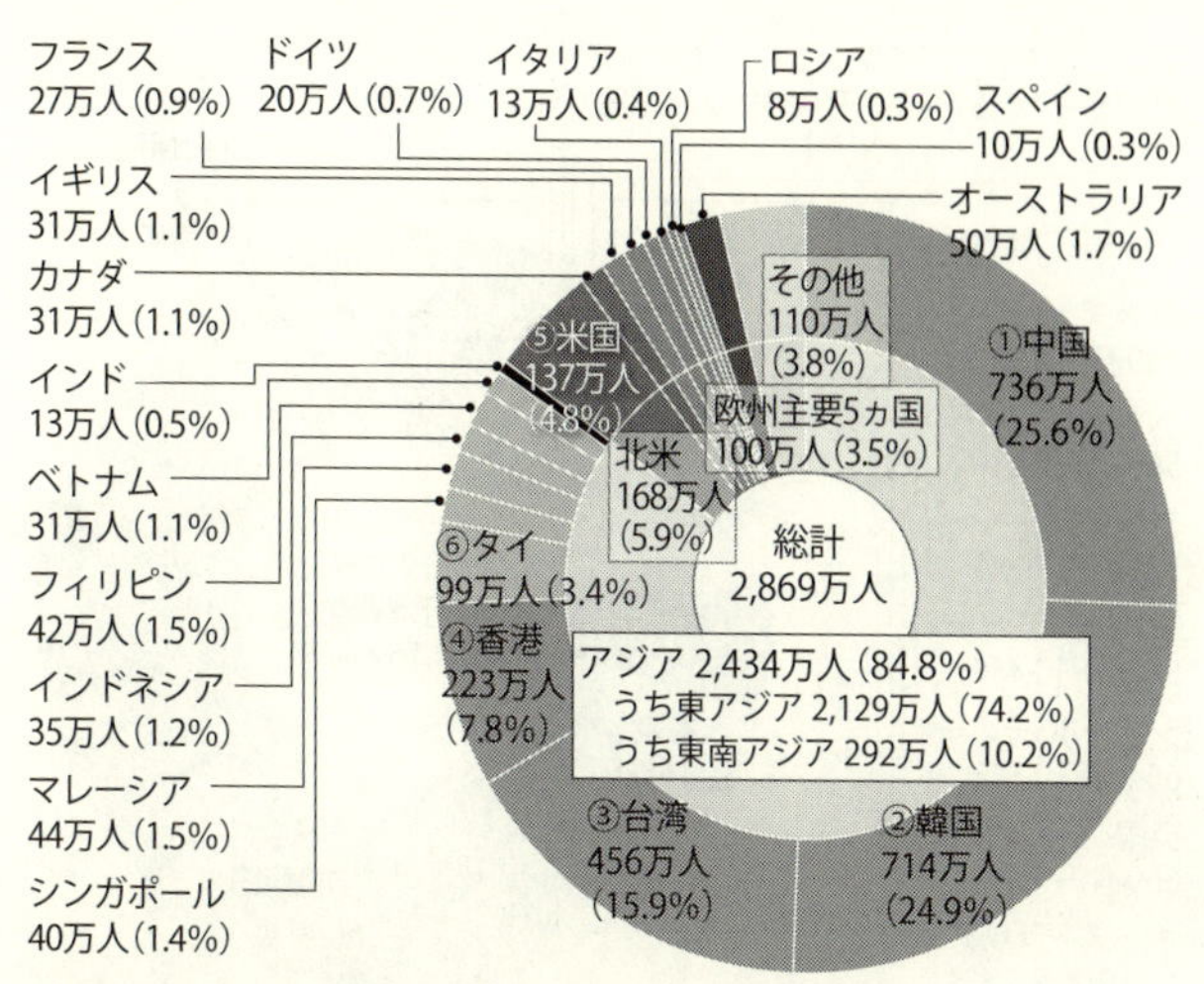

［図表８］**訪日外国人旅行者の内訳**（2017年度）
出典：観光庁「観光白書」平成30年版

といわれており、今後、年間１０００万人の単位で受給者数が増えていくとされています。

中国人の次には、やはり人口が圧倒的なインド人の観光客も控えています。インバウンド数の伸びとともに「観光公害」は今後も、私たちの想像を超える規模で広がっていくことが予想できます。

ただし、「観光公害の原因は中国人である」などと決めつけることは間違っています。一国が経済成長を果たし、その国民が世界中を闊歩（かっぽ）するようになると、世界各地で軋轢（あつれき）を起こすようになることは世の習いだからです。です

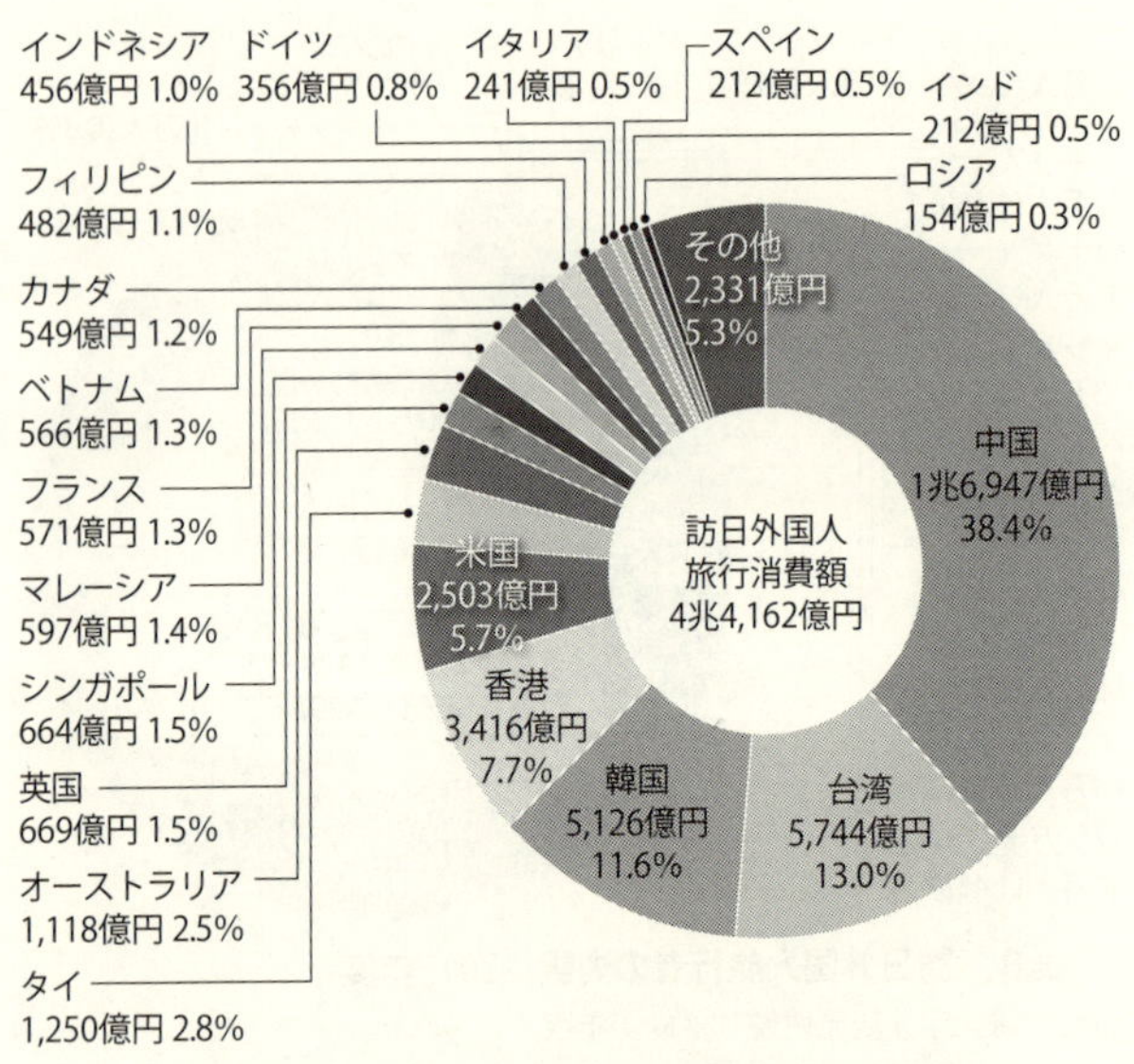

［図表９］**国籍・地域別の訪日外国人旅行消費額と構成比（2017年度）**

出典：観光庁「観光白書」平成30年版

ので、外国人が日本をダメにしている、という安易な論調に乗ってはいけません。

アメリカ人は１９５０、60年代に、フランスやイタリアに観光に出かけ、傍若無人に振る舞ったことで、「醜いアメリカ人（アグリー・アメリカン）」として嫌われました。

その後は経済力を付けたドイツ人と日本人が、「アグリー・ジャーマン」「アグリー・ジャパニーズ」と呼ばれました。バブルのころは、日本人観光客もパリの高級ブランド店などで〝爆買い〟を行って、顰蹙（ひんしゅく）を買いました。

もちろん、受け入れ側のキャパシティをはるかに超えて増大する中国人観光客への対応は必要です。しかし、それは「中国人観光客が悪い」という話では決してありません。観光立国を果たすには、世界の誰をも受け入れた上で、その状況をコントロールする、という構えが重要なのです。

町家の一棟貸しはなぜうまくいったのか

日本の「観光業」には昔から典型的なスタイルがあります。会社の人たちや、町内会のおじちゃんおばちゃんが大勢で大型バスに乗って、大型旅館に泊まってワイワイ遊ぶという、旅行会社が仕切る大量生産、大量消費型のパターンです。

21世紀になって、そのパターンは〝オワコン（ブームが去ったこと）〟と化し、昭和モデルの大型旅館の廃業が相次ぎました。しかしまだ宿泊や旅行業界はそのスタイルを引きずっており、今の時代にマッチしたパターンに切り替わっていません。規制やルールの敷き方も、基本的にそのパターンのままです。

しかし、21世紀型産業としての観光業、特にインバウンドを前提にした観光業は、日本にとってまったく新しい領域です。誰も予想してなかったインバウンドラッシュの時代には、規制もマネージメントも、新しいやり方を創造的に考えていかねばなりません。それは観光業の革命につながります。

私は2000年代に、京都の旧市街に点在する伝統的な町家を改装して、一棟貸しの宿に転換する事業に取り組みました。従来のホテルや旅館のように、いたれりつくせりのサービスを揃えるのではなく、お客さんに鍵を渡して、「どうぞお好きにお使いください」というスタイルは、このときに生まれたものです。

京都の風情ある町並みは、木造の町家が作っています。しかし、それらは今の時代に住むには古く、不便だということで、空き家化が急速に進んでいました。何とかその流れを食い止めることはできないかと、頭をひねった末に編み出した枠組みが、町家を一棟貸しする「町家ステイ」でした。

現在はインバウンドブームとともに、古い町家を宿にリノベートする動きが、京都だけではなく、全国に広がっています。しかし私たちが始めた当時、町家を宿泊施設として生かす事業が成功するとは、誰からも思われていませんでした。周囲にいる京都の人たちは、「お客さんはシティホテルを好まはる」「旅館なら、フルサービスでないとあかん」と口を揃え、最後に「そんなん、ここではうまくいかへん」と、否定の言葉を投げてこられました。

　ところがフタを開けてみたら、宿は予約でいっぱい。海外からのお客さんが多いだろうと思っていましたが、「一棟貸しのスタイルでは来ないだろう」といわれていた日本国内のお客さんが多かったことは、運営側の私たちにしても予想外のことでした。今振り返ってみると、あれはおそらく〝オワコン〟化していた観光業に対して飽きを覚え、新しいスタイルを求めているお客さんが多かったことの表れだったのかもしれません。

観光業は今「ティッピング・ポイント」を迎えている

　かつて携帯電話のドコモは iPhone にずっと抵抗していました。しかし、ソフトバンクが「よし、やろう」ということで iPhone を導入したら、みんながわっと飛びついて、最後にはドコモも切り替えざるを得なくなりました。現在の日本は世界の中でも iPhone のシェアが高い市場になっています。
　２０００年代のはじめにマーケティングの世界で話題になった言葉が「ティッピング・ポ

イント」です。これは『ニューヨーカー』誌の記者だったマルコム・グラッドウェルの著書『ティッピング・ポイント――いかにして「小さな変化」が「大きな変化」を生み出すか』（高橋啓訳、飛鳥新社）のタイトルでもあり、「あるアイデアや流行もしくは社会的行動が、敷居を越えて一気に流れ出し、野火のように広がる劇的瞬間」のことを指しています。そこから転じて、現在では「臨界点」「閾値（いきち）」という意味で、多く使われるようになっています。

いつの時代でも既存のシステムや勢力をぶち壊すような何かがないと、産業は活性化しません。iPhone は、まさしく通信産業にティッピング・ポイントをもたらしました。世界の観光産業も同じく、ティッピング・ポイントを迎えています。中国人観光客だけでも、すでに世界の観光地が大きな影響を受けているところに、今後はインド、中近東、南米、その他各国・各地域からの観光客が加わり、観光は桁違いの産業に拡大していくことでしょう。

しかし、社会、経済、文化それぞれの分野では、その閾値超えに対する準備がまだできていません。問題は日本だけでなく、世界各国に共通するものですが、とりわけ日本において注意すべきは、日本ではインバウンドが爆発的に増えるまで、本当の意味での「開国」を経験していなかったことです。

ＩＴ革命が本格化した20世紀末から世界の潮流は激変しましたが、日本は金融、通信、法律、行政、教育など、社会のあらゆる面で、システムのアップデートが遅れました。既存の老朽化したシステムにサビが出て、埃がたまり、ガタが目立ち始めたところに、さまざまな国から、さまざまな人たちが、「旅行」「観光」という名目で流入。そのような入国インパクトを急に経験したことで、問題は一気に表面化しました。自国に対する、外部からの有無をいわせぬ変化としての「開国」は、ほんの４、５年前に始まったばかりです。

それが日本にとって、どれだけの衝撃であるかは、想像に難くありません。それゆえ観光を有益な産業にするためには、十分な覚悟が必要となります。これまでとは違う対応、方策を、クリエイティブに考え、生み出していくことが重要になるのです。

第2章

宿泊

中国人投資家が購入した町家。購入後、宿泊施設に改築された。
2017年1月ごろ、京都市中京区にて撮影。読売新聞社提供

インバウンドと京都

京都市産業観光局が2017年に調査した結果をまとめた「京都観光総合調査」によると、京都には、外国人、日本人を合わせて、年間5000万人以上の観光客が訪れています。そのうち外国人宿泊客数は353万人で、宿泊日数をかけた延べ人数は721万人となっています。ただし、これは無許可の民泊施設への宿泊客は含みません。同調査では、無許可民泊施設での宿泊客数を、約110万人と推計しています。

観光客数に占めるインバウンドの割合は13・9%と、数では国内客に及びません。しかし、観光消費額に占める外国人消費額2632億円は全体の23・4%となっており、外国人観光客が「効率のよい」お客さんであることを示しています。2015年に発表された『京都市宿泊施設拡充・誘致方針（仮称）』によると観光客、特に消費額が大きいインバウンド客をあてこんで、京都市は「2020年までに1万室の増加」を観光政策に掲げています。『京都新聞』の調査では、「京都市内の宿泊施設の客室数が、15年度末からの5年間ですくなくとも4割増の約1万2000室に増える見込み」となっています（2017年12月5日）。

市の政策をはるかに上回るペースで客室数が増えているのは、インバウンドをあてこんだホテルや簡易宿所の開業が、予想を超えたスピードで増えているからです。

ちなみに簡易宿所とは、宿泊する場所や設備を複数の人が共同で使用する有料の宿泊施設のことで、民宿、ペンション、カプセルホテル、山小屋、ユースホステルなどが該当します。京都市が発表した「許可施設数の推移」によれば、18年4月現在の京都市内の宿泊施設はホテルが218軒、旅館が363軒に対して、簡易宿所が2366軒と、際立って多い数となっています。

京都市における簡易宿所の新規営業数が、飛躍的に跳ね上がったのは15年で、前年の79軒から、一気に3倍以上の246軒に増えました。これは住民が普通に暮らしていた町家を、宿泊施設に転換する動きとも連動しています。宿泊施設として新規許可を得た京町家は、14年には25軒でしたが、15年には106軒と4倍以上になりました。

15年は日本政府が中国に対してビザ発給条件の緩和を行った年です。その前から円安が始まり、日本に来る外国人観光客、特に中国人をはじめとするアジアからの観光客の数が爆発的に増えました。「爆買い」が流行語大賞に選ばれたのも、同じく15年です。

その後、京都ではインバウンド消費への期待がますます高まりました。

不動産のデータベースを取り扱うＣＢＲＥの調査によれば、京都で17年から20年までの間に新しく供給されるホテルの客室数は、16年末の既存ストックの57％に相当するとされています。これはつまり、16年に比べて１・５倍以上の客室数がこの数年で必要とされるようになった、ということです。

進む「町の買い占め」

そのような背景の中で、京都の町中では今、驚くべき事態が進んでいます。

筆頭が、外国資本による「町の買い占め」です。ＮＨＫによれば、中国の投資会社「蛮子投資集団」は18年に半年の期間で１２０軒もの不動産を買収したそうです。中には町家が路地に並ぶ一画を丸ごと買って、そこを「蛮子花間小路」という中国風の名前で再開発するという計画まで発表されています（『かんさい熱視線』、18年6月29日）。

外国人が「京都を買い求める」のはなぜでしょうか。

まず観光ラッシュと、２０２０年東京オリンピック・パラリンピックで、土地の需要と価値が高まっている一方で、円安の状況が続いているため、外国人から見れば割安感がある、ということが考えられます。また日本はローンの金利も低く、不動産は定期借地ではなく私有が基本なので、一度買ったら永久に所有できます。

それらの要素は、地理的な距離が近い場所にいる中国人にとっては、とりわけ有利に働きます。経済発展とともに上海や北京など大都市では不動産の値上がりが激しく、もはやその価格は東京を凌ぐようになりました。要するに、日本は外国人にとって、「安くてお得な」不動産投資ができる場所になっているのです。

国土交通省が発表した18年の基準地価では、商業地の地価上昇率トップが、北海道の倶知安(くっちゃん)町でした。町名だけでは、なぜ倶知安が1位なのか、にわかに分かりませんが、ここはニセコのスキーリゾート地として、外国人観光客に大人気の土地です。同調査では、トップ5の2位から4位までは、京都市東山区と下京区が占めました。前年に比べた変動率、つまり上昇率は倶知安で45％以上、京都ではいずれも25％を上回っています。

京都の不動産を狙うのは、もちろん外国資本だけではありません。京都の市街地では、風情ある町並みの中に、安手のホテルを建設するパターンも増加中です。かつては空き家になった町家跡にコインパーキングが乱造されましたが、今は立体化してホテルが建設されるようになっているのです。

「観光投機」がもたらすもの

私が京町家を一棟貸しの宿に改修する取り組みを始めた2000年代初頭は、まだその価値が見出されておらず、町家は次々と取り壊されていました。

そのような事態を、ただ手をこまぬいて眺めるだけでなく、新しい仕組みを作って運用することで、町家と家並みを救いたいと考え、一つ一つ法律や規制をクリアしていきました。やがて町家の宿泊施設転用は一つのムーブメントになり、京都ではその後、数百軒以上の町家が宿泊施設として再生されました。

しかしこの数年で流れは逆行し、今は町家を残すより、小さなビジネスホテルを建設することの方が活発化し始めています。観光ブームが、町家保存から町家破壊へと、さらに転換しているのです。

京都市にも古い民家の保存をうながす規制はあります。しかし重要文化財級の町家であっても、それを守り抜くような断固とした仕組みにはなっていません。2018年には室町時代に起源を持つ、京都市内でも最古級という屈指の町家「川井家住宅」が解体されました。

オーバーツーリズムが問題になる以前は、不動産業者は古い町家には目もくれませんでしたが、そこの土地がお金になると分かった途端に、町並みは不動産原理に則って、急速に破壊されていきます。

業者は通常よりも高い稼働率と、短い投資回収期間で宿泊施設の事業計画を作り、調達した資金をもとに、次々と町家を買い漁っていきます。当然のことながら、事業で最も重視されるのは利回りであって、町並みの持続可能性や、住民の平和で健全な生活ではありません。ただし非現実的な数字をもとに回していく計画は、投資ではなく「投機」です。

京都は商業地と住宅地がきわめて近いことが特徴で、それが京都のそもそもの魅力になっています。名所に行く途中に、人々が日常生活を営む風情ある路地や町家が、ご近所づきあいというコミュニティとともに残っているのです。

しかし、地価の上昇は周辺の家賃の値上がりにつながります。土地を持っている人であれば、固定資産税が上がります。観光客は増えていても、京都市は高齢化が進んでいますので、住民はそのような変化への対応力を持っていません。家賃や税金を払いきれずに引っ越す人が相次げば、町は空洞化し、ご近所コミュニティはやがて町並みとともに崩壊していきます。

観光客が増えると、彼らが落とすお金で地域が潤う、というのが京都市をはじめとする関係者の希望ですが、現在はそのような楽観的なレベルをはるかに超えています。

「観光」を謳う京都のいちばんの資産は、社寺・名刹とともに、人々が暮らしを紡ぐ町並みです。皮肉にも京都は、観光産業における自身の最大の資産を犠牲にしながら、観光を振興しようと一所懸命に旗を振っているのです。

「Airbnb 不動産」がもたらすもの

観光投機に一役買っているのが、「Airbnb（エアビーアンドビー）」に代表される「民泊」です。Airbnb は、自家用車による配車サービスの「Uber（ウーバー）」と同様に、既存の枠組みや既得権益に対抗する「シェア」の概念とともに、世の中に広まった新時代のサービスでした。

Airbnb では、その土地の家主が自分の家を旅人に開放することで、お仕着せの観光旅行ではなく、まさしく暮らすように旅をする、という新しい時代のスタイルを提供しました。これによって旅行者は、旅先での楽しさや面白さ、そして利便性を、より低いコストで体験できるようになったのです。

しかし、インターネットが普及したときと同じように、革命的な仕組みが世の中に行き渡ると、やがて良い面が悪い面に飲み込まれていくのも世の習いです。

家主の中からは、当初の理念とは無関係に、この仕組みを使って「とにかく儲けよう」とする人が続出し、そこからコミュニティにとって望ましくないことが次々と発生するようになりました。

京都の友人宅のそばに、中国人が営んでいる民泊があります。そこの客には道路沿いでカップラーメンを食べたり、隣の敷地内まで入ったり、ゴミの後始末もしなかったりする人がいます。しかし、持ち主が常に不在なので、連絡がとれません。

自己中心的な利用者は、早朝や深夜でも、周囲にお構いなしに騒音を出し、日常生活のルールも守りません。実際に京都では家主が不在の民泊で、宿泊客の不注意から火災が起きています。大都市部では、雑居ビルや、マンションなど集合住宅の中の民泊が特に問題化し、やがて犯罪の拠点にまで使われるようになりました。

それでも無責任な家主は知らんぷりで、管理も万全でないまま、ただ部屋を「回し」続けます。

民泊ブームは、地域の安全を脅かすとともに、地価の高騰にも拍車をかけました。

その弊害がいち早く報告されたのが前述の通り、バルセロナです。バルセロナでは16年ごろから、市内の一等地にAirbnb用に、いわゆる億ションを建てる例が相次ぎました。家主は相場より高いお金で土地を買っても、相場より高く貸せるので、あっという間に投資が回収できます。イギリスの『ガーディアン』には、バルセロナに持つ複数の物件をAirbnbで回し、繁忙期に一日で400万円を稼ぐオーナーの話が載っていました。

民泊の営業禁止を告知するマンションの貼り紙。2018年6月ごろ、大分県由布市にて撮影。読売新聞社提供

そのような「Airbnb不動産」ビジネスが続くと、周辺の地価はどんどん上がり、従来からの住民は家賃を払えなくなって、そこから離れていきます。また地元に根付いていたパン屋さん、花屋さん、カフェ、レストランも、営業に行き詰まり、姿を消し、後にはコミュニティが空洞化した地域が残ります。つまり前項の「観光投機」と同じことが起こるわけです。

民泊の問題は、バルセロナだけではなく、フィレンツェ、アムステルダム、ベルリン、サンフランシスコ、サンタモニカ、ニューヨークと、世界中の都市に共通の問題として、人々の意識に上るようになりました。そしてもちろん、日本も例外ではないのです。

「民泊新法」の効果

日本各地で民泊が問題化し始めると、2018年6月に「住宅宿泊事業法」いわゆる「民泊新法」が施行されました。

民泊新法によって何が変わったかというと、まず民泊の経営がそれまでの「野放し状態」から「届け出制」になり、許認可の要件が明確になったことがあります。これによって、民泊の数や位置を、行政がようやく把握できるようになったのです。

民泊新法施行の少し前に、とある観光関連の委員会に出席したことがありました。東京都内のインバウンド宿泊の統計が発表された際、従来型のホテルと旅館はカウントされていたものの、「Airbnb」などの民泊数が把握されていないことに気づきました。

そこで「Airbnb の数はどうなっていますか?」とたずねてみると、担当者は「え、それは何ですか？」と、よく理解していない様子でした。数字を把握できていないものに対しては、コントロールできません。

民泊新法のような新しい法律や規制は、観光産業のよりよい育成に必要なことです。ただし、そのような法律は、それぞれの土地の事情とは無関係に、全国一律に縛りをかける、というパターンが日本では通例です。

たとえば民泊新法では、民泊として営業する日数の上限が全国一律で年間180日と定められましたが、これは地方にとってはかなりの打撃となってしまいました。というのも、「観光立国」が最も早急に必要とされていたのは都会ではなく、実は〝田舎〟と呼ばれる地方部だったからです。

日本の田舎には美しい自然がある一方で、新しい産業機運に乏しく、仕事、雇用の問題とともに空き家も多い。そんな状況にあったからこそ、Airbnbなどの新しい仕組みで活性化する余地もあるのです。

日数上限は一部の都会では確かに必要だったかもしれません。しかし田舎ではほとんど不要であり、むしろ一年中営業ができた方が都合は良かったはずです。ここでも、日本のマネージメントとコントロールにおける、従来のシステムの弱さが如実に表れてしまっています。

アルベルゴ・ディフーゾ

イタリアは、効率やスピードを重視せず、のんびり人生を楽しみ、生活の質を高めようとする「スローライフ」や、農場、農村で休暇・余暇を過ごす「アグリツーリズム」といった、新しい旅の概念を発明した国ですが、近年は「アルベルゴ・ディフーゾ（Albergo Diffuso）」が注目されています。

アルベルゴ・ディフーゾを直訳すると「分散したホテル」になりますが、その言葉の通り、地方の小村を舞台に、複数の空き家を宿泊用の「部屋」に改修し、それらが集まることで、全体で一つのホテルとして機能させる形態のことを指します。

そこでは点在する「部屋」とは別に、レセプションやレストラン、朝食用バール、土産物店なども村内に点在させて、旅行者は村に住む人々に交じって、村全体を一つのホテルのように使うことができます。

これは人口減少と過疎化、空き家化という地方の課題を、まさしく観光という切り口で解決しようとする仕組みです。『CREATIVE LOCAL――エリアリノベーション海外編』（馬場正尊、中江研、加藤優一編著、学芸出版社）によれば、アルベルゴ・ディフーゾのレストランは、地場の食材をふんだんに使った料理で評判のところも多く、食の健全な循環といった点でも、地域に貢献できるようになっているそうです。

アルベルゴ・ディフーゾのいいところは、小さな町や村の出身者や住民など、地域にゆかりのある人たちが空き家活用を出発点に、自己決定権を持ちながら地域観光を育てていくことにあります。自分たちにとって思い入れのある場所が舞台ですので、地域性が守られる。それによって地域の持続可能性が高まっていくのです。

アルベルゴ・ディフーゾのような仕組みは、観光における新しい創造的なルール作りの一つといえますが、日本の民泊新法の下では、このようなやり方は残念ながらハードルが高くなっています。

「全国一律」のリスク

観光振興を考える場合、「都会」と「田舎」といった条件のまるで違う場所を分けて考えることがその前提になります。

日本の民泊規制は、法律で大枠を縛った後、各市町村が独自に条例などを設けて、その土地に合った規制をかける二段構えの仕組みになっています。市町村レベルで、土地の実情に合った規制などの対応策を取る動きが進んでいることは望ましいことです。

しかし、ここにあるもう一つの「一律」の弊害にも注意を向ける必要があります。

私の知人は、京都の旧市街に残る日本家屋を借り受け、家全体を美しく改装し、その一部分を民泊にすることで維持管理に努めていました。もちろんオープン当時に必要だった許可はすべて取った上での健全な経営です。

その家がきちんと手入れされたことは、町並みへの貢献にもつながっていましたが、市の条例でその街区が民泊禁止地域に指定されてしまい、ある日からお客さんを迎えることができなくなりました。それまでのゲストからは惜しむ声が寄せられたといいます。

このように、「一律」は都会と地方の問題だけではありません。同じ市内であっても、厳しく規制すべき場所と、文化的な意味づけを考慮した上で規制緩和をした方がいい場所とがあるのです。このケースは、私たちが京町家を一棟貸しの宿に転換したときのように、古い町家文化を継承するものです。たとえば戦前の古民家を活かしているのであれば規制からはずす、というように、柔軟な運用余地が残されてしかるべきです。

全国一律、あるいは行政区域一律の法律や条例、規制をかけることは、強い抗がん剤治療に似ています。悪い部分をやっつけられるかもしれませんが、周りの健康な部分まで傷つけてしまう可能性があります。

一方で、もともと志も良心もなく、許認可にも無関心だった民泊物件は、そのまま闇にもぐるだけです。

「法律」と「条例」の使い分け

民泊の社会問題化は現在、世界中で起こっていることです。

どの都市も、民泊が引き起こす問題に対して苦慮し、試行錯誤しています。観光先進地であるヨーロッパとアメリカでは、民泊に対して厳しい「規制」「税金」「罰金」をかけることで、悪影響をコントロールしようとしています。

たとえば「規制」が最も厳しいといわれるドイツのベルリンは、家の面積の50%以上に住人が暮らしていない家を、民泊に貸すことを禁じました。住人が住んでいない家を民泊にした場合は、10万ドル（約1080万円）という、高額な罰金が科せられます。

アメリカのサンフランシスコでは、民泊は市当局に登録をした上で、税金の支払いと50万ドル（約5400万円）の保証の付いた保険に加入しなければなりません。

同じくアメリカのサンタモニカでは、民泊運営を許可制にして、宿泊代金の14％を税金として徴収しています。なおベルリンと同様、サンタモニカでも住人が住んでいない家を民泊にすることは禁じられています。

サンフランシスコとサンタモニカが位置するカルフォルニア州は、市民参加の意識が非常に高い地域であり、観光公害問題についても市民レベルでの論議が進んでいます。そもそもアメリカは「合衆国」というくらいですので、国としての法律はなく、州や市レベルでの意思決定が強い傾向があります。まして現在、トランプ大統領が政権を握っていることもあり、中央政府の機能はマヒしているも同然です。カリフォルニア州のような進歩的な地域は、自分たちで納得できる法律を作って自ら時代に対応しています。

その土地の実情を肌で知る自治体が、足元を照らした条例やルールを作る動きになれば、地域の生活文化は救われます。

パーイと祖谷が教えてくれること

タイにパーイという町があります。古都チェンマイから北西に車で4、5時間という距離で、チェンマイとミャンマー国境の、ちょうど中間ぐらいに位置します。

パーイは、タイからミャンマーに行こうとするバックパッカーにとって良い中継点になることもあり、あるときからそこに安い宿が集まり始めました。

そうなると、今度はバックパッカー向けの朝食スポットができ、Ｗｉ－Ｆｉカフェができ、夜市や画廊などが開かれるようになりました。さらに安宿が儲かり始めると、もっときれいなホテルを経営しようと考える人も登場して、次第に町が活気づいていきました。

そのパーイでは、ついには国が空港を建設し、今やタイの一大観光地になっています。

一人一人のバックパッカーは、たいした金額を町に落としません。しかしたくさん来れば、それは大きなパワーになります。そして実際に彼らのパワーを拾い上げて、草の根的に発展する町もあるのです。

高度経済成長期にいち早く過疎化が進み、交通が発達した現在も「秘境」として知られる四国の祖谷（徳島県三好市）で、私は2010年代から茅葺き古民家の一棟貸しプロジェクトを進めてきました。

そのプロジェクトが浸透するにつれて、近くの池田町でほかのプロジェクトも立ち上がり、周辺に古民家や廃校をリノベートしたゲストハウス、カフェ・レストラン、地域おこしのサテライトオフィスなど、さまざまな動きが続くようになりました。それらの動きとともに若者が祖谷に出入りするようになり、今では過疎・高齢化とは違う新しい顔が地域に生まれています。

三好市の依頼で私がプロデュースした「桃源郷祖谷の山里」には、一棟貸しの茅葺き古民家が8棟あります。宿泊代は1棟で一晩3〜4万円ですが、6人くらいまで宿泊できるので、数人集まれば、かなりリーズナブルに利用できます。

一泊数千円ほどで泊まれる手ごろなゲストハウスもあるので、バックパッカーは祖谷を目指しやすくなります。インバウンドにとっても、宿泊の選択肢が増えれば、祖谷を訪れる外国人の層はますます広がるでしょう。実際、祖谷ではここ数年、外国人観光客を見かける機会が目に見えて増加しています。

もちろんバックパッカーだけではありません。教育機関の先生など知識層の人たちや、文筆家のような人たちにとっても、さまざまな価格帯で特徴のある宿があれば、その地を訪れる動機が強まります。旅をしたことをきっかけに、祖谷という土地に対する興味を掘り下げ、発信する人も出るはずです。

そもそも祖谷は、70年代にまだ学生だった私がヒッチハイクでたどり着いた場所でした。その地に魅了されたことをきっかけに、築300年という古い農家の茅葺き家屋を購入し、そこを「篪庵（ちいおり）」と名付けたことが、祖谷との関係の発端です。

その後、日本には不動産バブルが到来し、各地の不動産価格が上がる中でも「篪庵」の地価は下がり続けましたが、茅の葺き替えや改修など、自分でできるところは全部、自分で賄いながら維持・管理をしてきました。

祖谷の篪庵。アレックス・カー撮影

21世紀になると、その「篪庵」を一つのきっかけとして、地域で打ち捨てられていたような古民家に注目が集まり、一棟貸しの宿に転用するプロジェクトが時代の要請に合ったものとして、クローズアップされるようになりました。そして今、僻地といわれる祖谷の地に、幅のある宿泊施設が登場するようになったのです。

温泉地としても有名な祖谷には、昭和から続く温泉ホテルもあります。それらのホテルも、私たちの古民家ステイやバックパッカーの宿と協力しあって、ＰＲキャンペーンを行っています。

土地に根付いた温泉ホテルに、少し高い価格帯の個性的な宿、そしてゲストハウスという、３つのレベルが共存しているのは観光業として健全な形です。

「規制強化」と「規制緩和」のバランス

不動産の相場は水のようなもので、常に流動しています。だとしたら、その水の流れをきれいな方に誘導することも大切になります。そこで着目すべきものが、「規制強化」と「規制緩和」のバランスです。

都会でも田舎でも、まず重要になるのが「ゾーニング」です。ゾーニングを簡単に説明すると、地域を線引きし、その利用について一定のルールを設けながら、住宅や商業地、工業地などの区域に分割し、それぞれに適した環境を維持することを指します。

たとえばバルセロナでは、ゾーニングの手法を適用することで、オーバーキャパシティに陥っている旧市街のホテル建設や店舗開発を抑制し、新規の建設は郊外へ誘導しようとしています。

先述した京都の「観光投機」への対応を考える場合、バルセロナのようなゾーニングによる誘導は(それらがすべて成功しているかどうかは別にして)、参考になると思います。つまり、市の中心街はもう開発させない、許可を下ろさないことにする。それは、規制強化によって観光資源を守りつつ、緩和すべき部分は緩和して、人とお金の流入を確保するということです。決して観光投資を凍結するということではありません。

その歴史を考えてみても、京都ならそれができるはずです。

昔、京都には豊臣秀吉が作った「御土居(おどい)」という土塁がありました。御土居の内側が「洛中」、すなわち町の中心部を指し示しており、現在でいうと東が河原町、西が二条駅、北が大徳寺、南が京都駅と東寺を結ぶ長方形になっていました。つまり御土居が市街地を指すゾーニングの役割を果たしていたのです。

秀吉の時代から年月がたった現代でも、京都の宿泊施設の建設ラッシュは、だいたい御土居の内側に集中しています。逆に御土居の外側のエリアでは、東山区を除いては、いまだに観光投資があまり行われていません。旧市街は観光ラッシュでも、そこから少しはずれたら誰も行かない、泊まらない、開発されないエリアになっていて、二極化が見て取れます。

たとえば京都なら、旧市街ではこれ以上宿泊施設を増やせないよう、規制を強化する。一方で御土居の外、とりわけ京都市南部では、「地域コミュニティを壊さない」といったローカルルールを設けつつ民泊やホテルを許可する、といった規制緩和を検討していいかもしれません。それによって観光客が分散され、それまで沈んでいたエリアに動きが発生したり、旧市街の中の宿にプレミアムが付いたり、というメリットが生じる可能性もあるように思います。

宿泊ニーズの増加にまつわる急速な観光投機への対策を最後にまとめるなら、国による「法律」とローカルの「条例」の使い分けやマネージメントが不可欠で、その上で「規制強化」と「規制緩和」のバランスが重要、ということになるでしょう。

第3章

オーバーキャパシティ

ご来光を拝む登山者で混雑する富士山山頂。2017年1月5日撮影。
読売新聞社提供

京都を脅かすオーバーキャパシティ

京都の銀閣寺はアプローチがすばらしいお寺です。総門を越え、右手に直角に曲がると、椿でできた高い生垣に挟まれた、細く長い参道が続いています。俗世間から離れた参道を歩くことで、これから将軍の別荘に入っていくのだ、という期待感が高まるように緻密に設計されているのです。

しかし現在、総門を折れて最初に目に入るのは、参道を埋め尽くした観光客の人混みです。生垣の内側に人がひしめく様子を見ると、外の俗世間の方が、まだ落ち着いているぐらいに思えてしまいます。

名所に人が押し寄せるという「オーバーキャパシティ」の問題は、世界中の観光地が抱える一大問題です。京都市内も例外ではなく、各所にそれが生じています。

たとえば20年前には、京都駅の南側に観光客はそれほど流れていませんでした。伏見稲荷大社も、境内は閑散としていたものです。しかし今は、インスタ映えする赤い鳥居の下に、人がびっしりと並ぶ眺めが常態化しています。

ここまで観光客の数が多くなると、傍若無人な振る舞いをする人の数も増えてきます。伏見稲荷大社では、マナーの悪さにへきえきした門前町の店が苦情をいってきても、神社側としてはどうしようもありません。外国の小銭が入った賽銭（さいせん）箱は、選別するのに労力がかかるし、両替もできません。

多くの外国人観光客でにぎわう伏見稲荷の千本鳥居。京都市伏見区で、2016年８月５日撮影。読売新聞社提供

お寺は拝観料を取ることで、ある程度の調整ができますが、神社の多くはそうしていません。伏見稲荷大社の観光客過剰問題は、なかなか解決しにくいものと思われます。

オーバーキャパシティがもたらす弊害は、いくつも挙げられます。

町には交通渋滞が引き起こされ、市民の生活に支障が出ます。旅行者にとっては、ホテル代の高騰という不利益も招きます。寺社、聖地などであれば、落ち着いて拝観できなくなります。神社仏閣の境内には深い精神性が宿っています。神の存在を感じる神社、仏の無言の静けさに触れるお寺。その奥深さこそが京都の真髄です。それが観光に侵されてしまうと、京都文化の本当の魅力が薄れてしまいます。これらはまさに観光公害の典型です。

「総量規制」と「誘導対策」

すでにオーバーキャパシティに直面している世界の観光地の多くは「総量規制」と「誘導対策」という、二つのアプローチで対応を探っています。

「総量規制」とは文字通り、観光客の数そのものを規制、抑制しようとするものです。「誘導対策」とは、ともかく観光客は押し寄せて来るものという前提に立って、数の分散を図る方策です。

「総量規制」として最も分かりやすい方策は「入場制限」です。ペルーのマチュピチュ、インドのタージマハル、ガラパゴス諸島など、入場制限をかけている観光名所はすでに世界に数多く存在します。

アドリア海に面したドブロブニクでは1日に4000人、ギリシャのサントリーニ島では

1日に8000人を上限にしていますし、イタリアの世界遺産、チンクエ・テッレでは、年間150万人を上限としていて、1日の訪問者が一定数に達すると、この地に通じる道路を閉鎖しています。

島や狭い地域、場所であるならば、そこへのアクセスを閉じることで、観光客数を抑制できますが、これが大きな町の単位になると、話は簡単ではありません。

アムステルダムは、バルセロナ、フィレンツェ、ヴェネツィア、そして京都と同じように観光客の過剰、オーバーキャパシティに苦しんでいる都市の一つです。アムステルダムが行った観光客誘致施策は、2004年に市と観光業界が連携して始めたキャンペーンに遡ります。キャンペーンで用いられた「I amsterdam」というキャッチフレーズを覚えている人も多いのではないでしょうか。

オランダ中央統計局（CBS）によると、2017年にオランダに宿泊滞在した観光客数は、内外を含めて年間4200万人。これは市当局に届け出がなされているホテルなどの宿泊客数をベースにした数字であり、民泊への宿泊者は含まれていないので、実際はさらに上回ります。オランダ政府観光局の調査では、そのうちアムステルダムを訪れた割合が37・8％ですので、約1600万人。これはアムステルダムの市街地人口の実に13倍にあたりますが、試算ではさらにこの先、観光客の増加が予測されています。アムステルダムにとって、オーバーキャパシティは、コミュニティの存続を揺るがすところまで進展しており、非常に大きな問題です。

そこでアムステルダムは、「総量規制」と「誘導対策」の両輪を回しながら、問題の緩和に取り組み始めています。

アムステルダムが行っている「総量規制」は、次のようなものです。

- 民泊の営業日数の上限を年間30日に規制し、2018年には市の中心部での民泊を全面禁止。
- 加えて、中心部ではホテルの新規建設も禁止。
- 市内への観光バスの乗り入れを禁止。
- 中心地では観光客を目当てにした店の出店を規制。

2017年には、目抜き通りに出店した観光客向けのチーズ店を、市が裁判にかけて閉鎖させましたが、店舗側は規制条例の適用外だと反発し、市側と衝突していました。

次に「誘導対策」としては以下のようなものがあります。

- 大型クルーズ船のターミナルを、アムステルダム中央駅の近くから、北海運河の沿岸に移動。
- 観光バスの市内乗り入れを禁止。バスは幹線の外側に駐車して、観光客はそこから徒歩や公共交通機関、タクシーなどで市内に入る。
- 特典を付与したアプリを観光客に配り、彼らの動向をデータ化して、いつ、どこが混むかを分析。中心部の観光名所に人が密集しないように、周辺の人気スポットや飲食店を紹介、推奨する試みを開始。
- アムステルダムから30キロ圏内にある「サントフォールト」のビーチを、「アムステルダム・ビーチ」に改称して、市域内という感覚を強調。市内の交通カードが使えるエリアに組み込んだ。

アムステルダムと同様の「総量規制」は、バルセロナでもすでに始められています。たとえば、19年以降の新規ホテル建設の禁止や、バルセロナ大聖堂とその周辺での店舗の

24時間営業を禁止することなどです。

しかしそうした規制は、観光産業が持つ経済的なインパクトの低下という、マイナスの側面も併せ持ちます。実際にバルセロナでは、ホテルの新規建設の凍結が決まったことをきっかけにフォーシーズンズホテルなどの大手資本が撤退。その損失は雇用の消失とともに30億ユーロ（約3750億円）に上るとの試算が出ています。

観光促進の追求がもたらす副作用をどのようにとらえ、その経済効果とどう調整を図るかは、世界的に見ても大きな課題となっています。

富士山と入山料

現在では京都のみならず、日本各地の有名観光地でオーバーキャパシティが論議されています。中でも富士山は、京都と並び「苦悩の双璧」といえそうな観光地です。

日本が誇る富士山は、遠くから望むと非常に美しい姿です。しかし近づけば人だらけ、ゴミだらけという惨状にさらされています。

富士山の夏期登山者は、2005年には20万人の大台に乗り、すでにこのときから混雑が問題になっていました。08年にはそれが29万８０００人に急増し、世界遺産に登録された13年には31万１０００人になりました。

多くの登山者が訪れることで、ゴミや登山道の破損、トイレの許容量オーバーなど、数々の問題が引き起こされました。山肌に「白い川」のようなものが現れて、何だろうと思ったら、入山者たちが用を足した後のトイレットペーパーだった、というエピソードもあります。

登山者で混雑する富士山登山道。2018年８月11日撮影。読売新聞社提供

ユネスコの諮問機関もそのような状況を前に、世界遺産登録と同時に富士山の景観をどう守り、大量の登山者をどう抑制していくか、その対策をまとめた報告書の提出を求めました。

そこで富士山では、世界遺産に登録された翌年の14年から山梨県と静岡県が「富士山保全協力金」という名の入山料を徴収するようになりました。これはつまり「総量規制」の一つです。

入山料は5合目以上に登る人に対して、任意で一人1000円を求めています。使い道は「環境トイレの新設・改修、救護所の拡充、5合目インフォメーションセンターの設置運営、安全誘導員の配置、富士山レンジャーの増員配置など」となっています。

入山料の導入以降の登山者は27万7000人（14年）、23万人（15年）、24万6000人（16年）、28万5000人（17年）、20万8000人（18年）。各自治体のホームページなどでの発表によると、入山料の「協力率」は導入以来40％から60％台で推移しており、近年の入山料収入額を見ると、山梨県側で約9700万円（17年）、約8800万円（18年）、静岡県側で約5200万円（17年）、約5700万円（18年）となっています。

つまり現状では何割かの人たちが、入山料を払わないで富士山に登っており、両県の入山料収入も1億円以下に止まっています。もちろん、ないよりもあった方がマシですが、この金額でできる対策は、どうしても対症療法的なものに限られてしまいます。

一方で登山道や山小屋の混雑は変わらず、それによって増す危険もそのままです。5合目まで車でアクセスできるため、そこから町歩きと同じ軽装で山に登り、途中で救援が必要になる人もむしろ増えているといいます。また、外国人登山者には入山料の徴収そのものがあまり知られていないため、自治体が協力金について説明した外国語のパンフレットなどを用意するなどして周知を図らねばならない状況です。

富士山のオーバーキャパシティは頭の痛い問題ですが、アムステルダムやバルセロナと違って、ここには抜本的な解決の余地があります。それは入山料の「義務化」と引き上げです。入山料の導入が議論されたときは、それだけで、「登山の自由を侵すのか」「山はみんなのものだ」という声が上がりました。また、観光客相手の店を営む業者からは、「売り上げが減る」といった文句も出ました。そのような声があると、行政や関係者は途端に及び腰になってしまいます。

そこで「任意」という中途半端な設定に落ち着いたわけですが、「任意」とは役所が責任を取りたくないための方法に過ぎません。

富士山は危機にさらされています。その現状と海外の観光地の動向をきちんと認識すれば、入山料の義務化を訴えるのは決しておかしいことではありません。

そもそも世界の基準からいえば、１０００円という入山料も安すぎます。

京都大学農学部の栗山浩一教授らが、富士山の入山者のデータをもとに入山料の効果を分析した研究があります。それによれば入山料が１０００円の場合、その抑制効果は、たったのマイナス４％でしかありませんでした。試算では、マイナス30％の効果を生むには、入山料を7000円にまで引き上げることが必要だそうです。また、栗山先生は富士山の訪問価値も学術的に算出されていますが、そこでは一人あたり2万7053円という金額が弾き出されています。

富士山は日本の象徴であり、誇りです。そのような山を守る義務として5000円、いえ1万円の入山料でもいいくらいです。

「世界的に価値のある富士山のために、1万円の入山料を徴収します」と宣言すれば、本当に登りたい人だけが登るようになるでしょう。登山客は10分の1に減っても、入山料収入は変わらないまま、ダメージを10分の1に減らすことができるのです。

竹田城跡と入場料

兵庫県朝来市（あさご）の「竹田城跡」は、雲海に包まれた朝の神秘的な光景から「日本のマチュピチュ」とSNSで拡散され、一時期、年間来場者数がブーム以前の数十倍である50万人以上に急増しました。

今はブーム時に比べると落ち着いた感がありますが、多くの人が足を運んだ結果、損傷が激しく、13年当時には地中に埋まっていた16世紀末の天守閣の瓦が露出し、それが踏み砕かれるなどの被害が相次ぎました。

竹田城跡の入場料は、現行で500円です。これも水準として安すぎます。

ちなみにアメリカでは、国立公園が高額な入園料を取ることはすでに「当たり前」です。

18年12月現在、たとえばアメリカを代表する国立公園であるグランドキャニオンやヨセミテでは、車1台35ドル（約3800円）となっています。さらには、観光のピーク時にはその倍の70ドル（約7600円）にするという提案も国立公園管理局によって行われています。

竹田城跡を訪問する価値は、少なくとも500円の数倍になると思われます。その価値に沿って、入場料を25

地表に露出し、踏み砕かれた瓦。兵庫県朝来市の竹田城跡で、2016年3月3日撮影。読売新聞社提供

00円に上げれば、竹田城跡のダメージは格段に軽減されます。

そもそも文化的あるいは環境的な価値が高い場所は、入場料が少々高くても、本当に行きたい人たちは行きます。もし足を運ばなくなった理由として「入場料が高いから」という人がいたなら、それはおそらく竹田城跡に大して興味を持っていない人でしょう。

その場所の価値に見合った対価を支払う、という気持ちを醸成しないと、日本が誇る資産は目減りするばかりです。入場料を価値に見合った価格に設定することによって市場原理が働き、その場所をきちんと評価し、大事にする客が増えて、どうでもいい客は減ります。それによって、観光名所はレベルアップができるのです。

日本の行政の弱い点は、ヨセミテなどのような決断が主体的にできないところです。そのときに使われる典型的な言い訳は、「市民からそんな金額は取れません」、あるいは「地元の観光業者の不利益になります」といったものです。

そのようなときには、「例外の枠」を設ければいいのです。たとえば市民から料金を取れないということであれば、地元の人には無料のパスを発行して、行き来自由にすればいい。学生には専用の枠を設けて、抽選制にすればいい。

富士山にしても、竹田城跡にしても、一律に入山料や入場料を徴収するのではなく、融通が効く制度を設計すればいいのです。柔軟な対策に頭を使うことこそ、「適切なマネージメント」です。

美術館と博物館に必要なもの

２０１８年の夏、私はウィーン、ブダペスト、プラハ、ザルツブルクの４か所を回りました。どこも文化都市として名高い場所です。

旅行中に立ち寄ったどの都市も、名所となっている美術館や博物館の入場料は10ユーロから25ユーロでした。そのときのレートが１ユーロ１５０円でしたから、１５００円から３７５０円になります。

一方で、日本を代表する「国立西洋美術館」「国立近代美術館」の一般入場料は５００円です。単純に比較して、ヨーロッパ諸国は日本の数倍の入場料を設定していることになります。日本の感覚でいえば、非常に高い入場料にもかかわらず、ヨーロッパの美術館は来館者たちを惹きつけているのです。私はその様子を見て、発想を転換する必要性を感じました。

美術館のオーバーキャパシティに対応するには、入場料の設定だけでなく、予約システムによる入場制限も必要です。日本の現状では、国立系博物館で何かの企画展がひとたび人気になれば、長い行列に悩まされることになります。「皆様、右にお並びください！」と拡声器で叫ぶ係員が「風物詩」ですが、やっと中に入ったと思ったら、人混みの中から作品を覗き見るしかない。東京の一部の美術館では、事前予約と入場制限の仕組みが始まっていますが、まだ主流ではありません。「品質管理の日本」のはずが、皮肉にも美術館では管理が行き届いていないのです。

「マネージメント」と「コントロール」とは、管理と制限のやみくもな強化のことではありません。それらをいかに「適切」に設計し、実行するかが肝要ということです。

日本でなかなか「適切」にコントロールできないのは、「みんなに見せてやろう」という役所的な平等主義の影響かもしれません。趣旨は博愛的ですが、あるキャパシティを超えたら、やはり対応策は必要になってきます。美術館や博物館の場合、その対応策の一つが入場料の設定になります。

もちろん、あまり高く設定し過ぎるのはよくありません。それこそ「不平等」で、富裕層しか美術館に行けなくなってしまっては困ります。

そこでもう一つの方法として「予約制度」の導入が考えられます。

予約制度では、「すべての人たちが見られる」という機会は減ります。見ることができない人が出てしまうことは残念ではありますが、別の視点に立てば、それは「本当に見たい人が、ゆっくり見学できるようになる」ということです。

予約制は「早い者勝ち」となるので、本当に行きたい人は、見に行くための努力が必要になります。これにより、中途半端に「ちょっと行ってみようか」という人たちは行けなくなりますし、土日祝日など一定の日時に殺到することも避けられます。

これは観光のオーバーキャパシティ問題を緩和する「市場原理」といえます。

ローマ・ボルゲーゼ美術館の例

予約制度において先行している例として、ローマの「ボルゲーゼ美術館」をご紹介します。

ここではネットによる完全予約制を敷き、時間を区切って入場者数の制限を行っています。あらかじめ決められた時間に行けば、2時間ぐらいをかけて、ゆっくりと館内を鑑賞することができます。

17世紀に建てられたボルゲーゼ宮の建築と、収蔵作品の美しさをフラストレーションなしで味わう。それは忘れられない体験になります。予約しなかった人たちは入場できず、美術館を味わうことができませんが、「キャパシティ」とはそういうことです。

ボルゲーゼに限らず、ローマの「バチカン宮殿博物館」や、フィレンツェの「ウフィツィ美術館」は事前にチケットを予約購入した人は、優先的に入場できるようになっています。観光客が多く訪れる世界的な美術館・博物館では、むしろこの流れが主流といえます。

また、美術館だけでなく、国立公園や屋外の旧跡も今は予約が増えています。たとえばニュージーランドのフィヨルドランド国立公園は、3か月前からの予約制で、1日に入山できる人数を最大90人としています。ペルーのマチュピチュ遺跡は、17年より入場制限を厳しくし、事前にチケットを購入した人だけが、午前か午後の最大4時間のみ滞在できることにしました。

予約制にすれば、また旅行者自身のストレスが減ることに加え、駐車場への長い列がなくなり、周辺の交通渋滞も緩和され、地域住民のストレスも軽減されます。今はIT全盛の時代ですし、こういう対策は意外と簡単にとれるようになっています。

桂離宮を手本に

日本国内にも先行例はあります。「苔寺」として知られる京都の西芳寺(さいほうじ)は、いち早く申し込み制を採用した寺院として有名です。拝観料は3000円と、京都の一般的な寺院よりも高めで、庭園を見る前には写経の時間も設けられています。

しかし、西芳寺は「郵送でないと予約を受け付けない」という前時代的なハードルが残されたまま。今の時代らしくＩＴを活用すれば、訪問者にとっては親切な対応となり、同時にお寺にとっての効率向上にもつながるはずです。

世界遺産となった岐阜県の白川郷には、受け入れ容量をはるかに上回る観光客が押し寄せ、さまざまなトラブルが生じています。これまでも整理券や外国人スタッフの配置といった対策を講じましたが、それでも混乱が続いていました。そこで19年より、冬季ライトアップイベントの際には完全予約制が導入され、予約がない人は入村できなくなっています。

93年に世界遺産に登録された屋久島も、予約制の導入がよく議論される場所の一つです。屋久島は3月から11月にかけて、一部登山口への一般車両の乗り入れを禁止しています。また、中学生以上の入山者については、日帰りで1000円、山中泊で2000円の「山岳部環境保全協力金」を徴収しています。

しかし一般車両は規制していますが、人は規制していません。屋久島町は11年、縄文杉見学者の人数制限条例案を提案しましたが、観光業界からの反発を受け、議会で否決されています。

一方、宮内庁が管理する京都の桂離宮や修学院(しゅがくいん)離宮も名所ですが、これらは観光ブームが始まる以前から事前申し込み制を採用し、観光公害をまぬかれた成功例です。桂離宮はネットを通じて予約申請ができ、18年秋からは入場料を徴収するようになりました。先駆けてそのような「コントロール」を行ってきたからこそ、価値が守られているといえるでしょう。すでにオーバーキャパシティに苛まれる観光地では、何も手を打たなければ、これからもその被害は広がるばかりと思われます。観光促進の追求による経済効果と、それにより生み出される副作用をどのようにとらえ、どう調整を図るのか。日本各地で今、その打開策が求められています。

第4章
交通・公共工事

観光バスで混雑する五条通り。京都市東山区にて、2017年12月ごろ撮影。読売新聞社提供

「交通」という観光公害

インバウンドが急増したここ数年、京都では駅や名所が混み合い、多くの場所で行列、渋滞、混乱といった交通にまつわる観光公害が発生しました。そうした観光公害は、今や全国どこでも同じように起こり始めています。

観光客の増加は混雑を引き起こすだけではありません。大勢の観光客によって、町歩きの動線が一気に変わることで、従来の商店街がさびれてしまうこともあります。

押し寄せる観光客に対して、町はこれからどうあるべきなのでしょうか。いくつかの例を挙げて考えてみたいと思います。

思考実験　小田原城

【課題】
東海道の要衝に築かれ、長い歴史を持つ小田原城。小田原城が位置する神奈川県小田原市では、お城に行く観光客が増えてはいるものの、駅前の商店街や、小田原名物のかまぼこ屋が並ぶ「かまぼこ通り」にとって、あまりメリットが生まれていないようです。

それがなぜかといえば、小田原駅から小田原城へのアクセスルートにバイパス（近道）ができているからです。

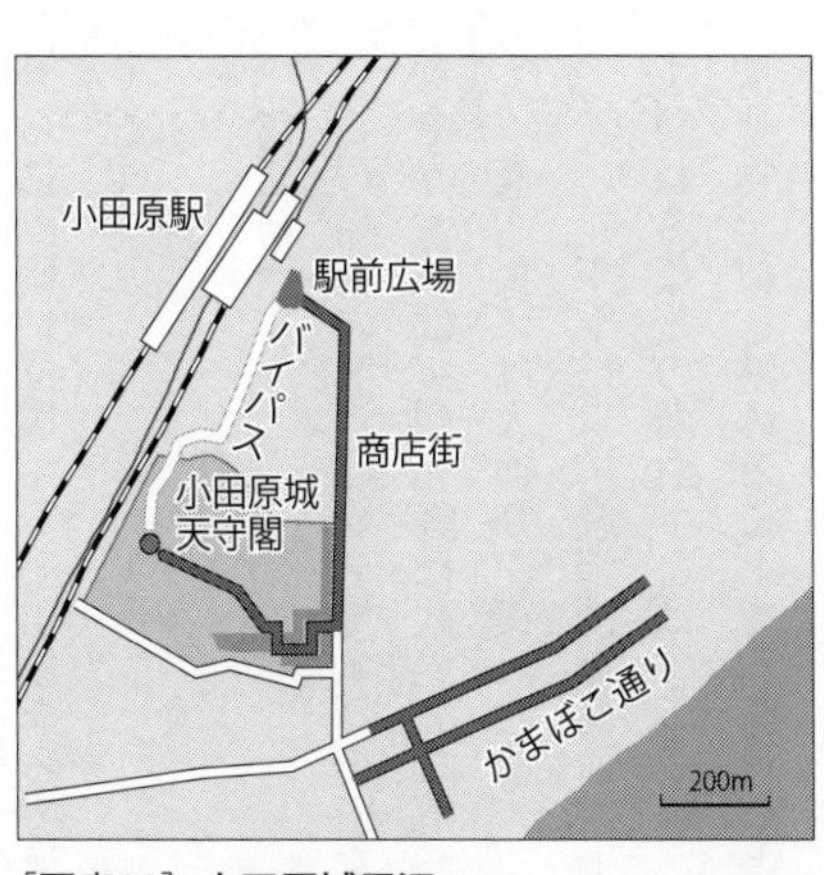

［図表10］**小田原城周辺**

小田原駅と小田原城の位置関係を［図表10］に整理してみます。

本来の観光的な道筋は太い線で示したもの。駅前広場から商店街を歩き、堀を渡り、いくつかの歴史的な門をくぐって、小田原城の天守閣にたどりつくというものです。

しかし近年、お城の裏手にも入口があることを知ったツアー会社が、白い線で示した近道を通じて大勢の観光客を入場させ、観光的な経路をショートカットしてしまっています。図で一目瞭然の通り、そのせいで商店街に観光客が来ませんし、さらに海側に位置する小田原ならではの「かまぼこ通り」まで、人を誘導することもできていません。

【解決策】

この場合の解決は簡単です。小田原城の裏手のアクセスを閉じればいいのです。そうすれば、観光客は観光的な道筋をたどり、表門から入るようになります。それによって、商店街には人通りが復活します。

このルートには、経済的な側面以上に文化的な効果への貢献が見込まれます。日本でお城を訪ねることの面白さとは、天守閣という目玉を訪問するだけではなく、堀、城壁、門など構造物全体を眺めることで、時代ごとに異なる造形や風土的な意味合い、歴史的な重みを感じることにあります。ショートカットで入って、天守閣からの写真を撮って帰るだけでは、お城を訪ねたとしても、その趣は到底理解できません。

もちろんバイパスを一律に禁止しよう、といっているのではありません。年配者だったり、障がいを持っていたりして、歩くのが辛い人たちや、近隣の住民には、臨機応変にバイパスを使えるように特別措置を取るべきです。

また時間の関係などから、どうしてもバイパスを使いたい観光客には、入場料にプレミアム料金を上乗せしてもいいでしょう。いずれにせよ、融通を利かせた運用が肝要です。

なお「かまぼこ通り」に人を誘導するためのアイデアもあるのですが、答え合わせをする前に、内外のいくつかの事例を見ていきましょう。

ケーススタディ　大山祇神社

【課題】

愛媛県今治市大三島町宮浦にある大山祇神社（おおやまづみじんじゃ）は、一般的な知名度は低いかもしれませんが、きわめて歴史的価値の高い神社です。平安時代以降に、瀬戸内海の海賊をはじめ、歴代の将軍、諸国の大名らが刀、鎧、兜などを献納し続けたことによって、社殿や宝物館には、武具などの武士道関係の国宝や重要文化財が数多く集まっています。

この大山祇神社は［図表11］の通り、参拝客は旧参道を通って神社にいたるようになっており、参道沿いにいろいろなお店が並んでいました。ところが、神社の近くに大型駐車場を整備したことによって、人々は参道を通らず、直接神社にアクセスするようになり、参道も今ではほぼシャッター街となってしまいました。

これは、交通への間違った配慮の典型例だといえます。目先の便利さにとらわれたことによって、地域の経済が沈んでしまっているからです。

また、そもそも神社の参道というものは、店の商売が成り立つかどうかだけではなく、これから神のいる場所に少しずつ近づいていく、という精神的な意味合いもある場所です。ここではショートカットを設けたことで、大山祇神社に参拝する人たちの、心構えの時間まで奪ってしまったのです。

神社至近の駐車場に車を停め、最短距離で本殿に向かい、用が済んだら帰る。そのような動線では、神聖な場所に行ってきた、という印象も薄まってしまいます。

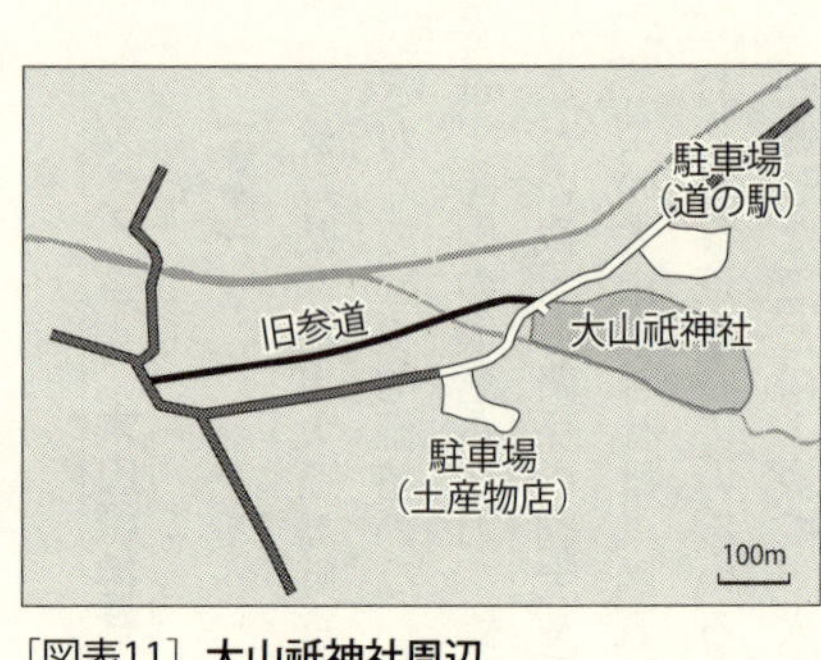

［図表11］**大山祇神社周辺**

【教訓】

「お客さんにとって便利なように」という言葉には要注意です。小田原城のケースもそうでしたが、むしろお客さんを「不便」にさせて、本来歩いてほしい道をたどる工夫を施すことです。参道を歩いてこそ、神社を訪問する本来の意味は取り戻せますし、参道の商店とも共存できるのです。

しかし大山祇神社の場合、すでに大型駐車場を作ってしまっているため、打つ手はほとんどなく、神社と町との共存共栄関係を向上させるには、もはや遅すぎるかもしれません。そこで、この例を教訓として「便利」と「観光」との関係を世界的な観点から考えてみます。

たとえばローマのバチカン宮殿。宮殿に行くには、かなり離れたところにあるバス停から歩かなければなりません。実はバチカン広場は、大型バスの停留所に適した広さを持ち、バスがここを使えるようになれば、観光客にとって非常に便利になります。

しかし、バチカン広場には椅子の一つもなく、宮殿の前に休憩所もありません。では、それで皆がバチカンに行かなくなったかというと、まったく違います。

いうまでもなく、バチカンはデパートやショッピングモールとは根本的に違う神聖な場所です。人々はそこが宗教的、精神的な意味合いのある場所であることを理解し、その理解を共有するべきものとして守っています。「便利でなければ人は来ない」という発想とはまったく別次元の話なのです。

思考実験　竹田城跡

【課題】

兵庫県の「竹田城跡」は、すでに「第3章・オーバーキャパシティ」でふれました。この場所はアクセスルートにも注意すべき点があります。

［図表12］をご覧いただければ分かる通り、現状、バスが停まる場所は竹田の市街からは遠く離れた山の中腹に設けられています。バスで来る観光客は、その駐車場と城跡の往復で帰っていきますので、山の下にある商店街には寄らず、結果として地元は潤っていません。

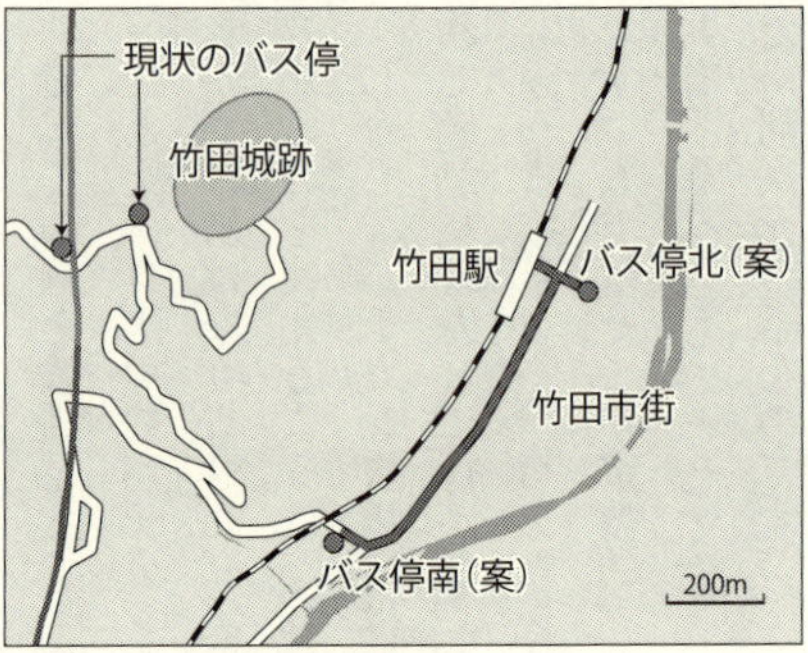

現状のバス停
竹田城跡
竹田駅
バス停北（案）
竹田市街
バス停南（案）
200m

［図表12］**竹田城跡周辺**

【解決策】

［図表12］に案を示した通り、バス停を市街に設けることで、下の町に一度立ち寄るように

誘導してはどうでしょうか。観光客は竹田駅近辺の「バス停北」から「バス停南」へと徒歩で移動し、そこから専用バスに乗って山の上にある城跡へ向かうようにする。

そうすれば、竹田城跡の観光に来た人は町の中を歩くことになり、途中で見かけたカフェに入ったり、店で買い物をしたりするようになるはずです。

もちろん、これはあくまでも思考実験にすぎません。駐車場を作るとなれば、その場所は現地の状態と市民からの意見に沿って、慎重に検討すべきでしょう。

パーク＆ライド

自家用車などの一般車両を一つの場所に集約し、そこから観光の目的地に分散させる方式は「パーク＆ライド」と呼ばれます。１９７０年代から世界の都市計画で採用されるようになり、すでに内外に多くの事例があります。

日本では、国立公園となっている尾瀬がその一つです。

尾瀬へは、群馬県側と福島県側からアクセスできますが、毎年5月から10月まで、マイカーと二輪車が規制対象になっています。群馬県側と福島県側それぞれの駐車場までは乗り合いバス、乗り合いタクシーで行き、尾瀬ヶ原や尾瀬沼など、国立公園に指定された場所へは徒歩で向かうことになります。

また海外では、たとえば中国雲南省の松賛林寺(ソンツェリン)などでそういった方式を取り入れています。松賛林寺はシャングリラという町の近くにある巨大なチベット寺院で「小ポタラ宮」と称されて、世界中から観光客がたくさん訪れます。しかしその寺の近くには大きな駐車場が設けられていません。バスはかなり離れた駐車場に停まり、観光客はゴルフカートのような小さな車に乗って寺院まで向かう方式をとっています。

以下に二つ、パーク&ライドを上手に運用している海外の例を挙げたいと思います。

なお世界のトレンドは、駐車場を目的地からできる限り遠くに設け、人を歩かせることにあります。それによって周辺に賑わいをもたらされると同時に、名所の景観が守られることにつながるのです。

例1　イギリス・ストーンヘンジ

イギリス南部、ウィルトシャー州ソールズベリーにある環状列石遺構、ストーンヘンジ。

ここは［図表13］のようになっており、近くに幹線道路は通っていますが、遺跡まで直接、マイカーで乗り入れることはできません。バスの停留所が遺跡から2・5キロも離れた「ビジター・センター」に設けられ、人々はそこで入場券を買って順番を待ち、専用バンに乗ることになります。

バンに乗ってストーンヘンジまで行けば、遺跡の周囲にあるのは牧場と羊だけ。数千年前に遡る石器時代の神秘が守られ、神々しい空気が漂う中、ゆっくりと遺跡を眺めることができるようになっています。

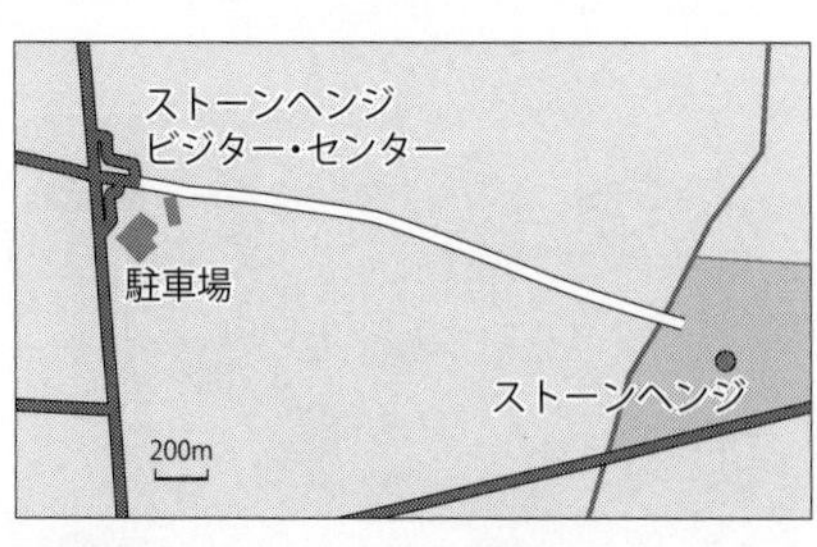

［図表13］ストーンヘンジ周辺

例2　イタリア・オルヴィエート

イタリア・ウンブリア州にあるオルヴィエートは、丘の上に築かれた中世の城塞都市です。下から見ても、町から周囲を見下ろしても、いずれもドラマチックな眺望が開けていて、竹田城跡のさらに大きなバージョンといった趣です。町としても元気に機能しており、「生きているマチュピチュ」とも呼ばれています。

オルヴィエートの中心街には、やはり駐車場が設けられていません。そこに行くには、下からケーブルカー、もしくはバスを使うか、中心街の外に設けられている駐車場に車を停めて、そこから歩くことになります。いずれにしても、オルヴィエートは「観光客を歩かせる町」になっています。

いうまでもなく、車を完全にシャットアウトしているわけではありません。現代都市は車でのアクセスができなければ成り立ちませんので、地元の住民たちは自由に車を使い、町中に駐車しています。観光客もタクシーやマイカーで山を上り、そのまま町に入ることができるようになっています。

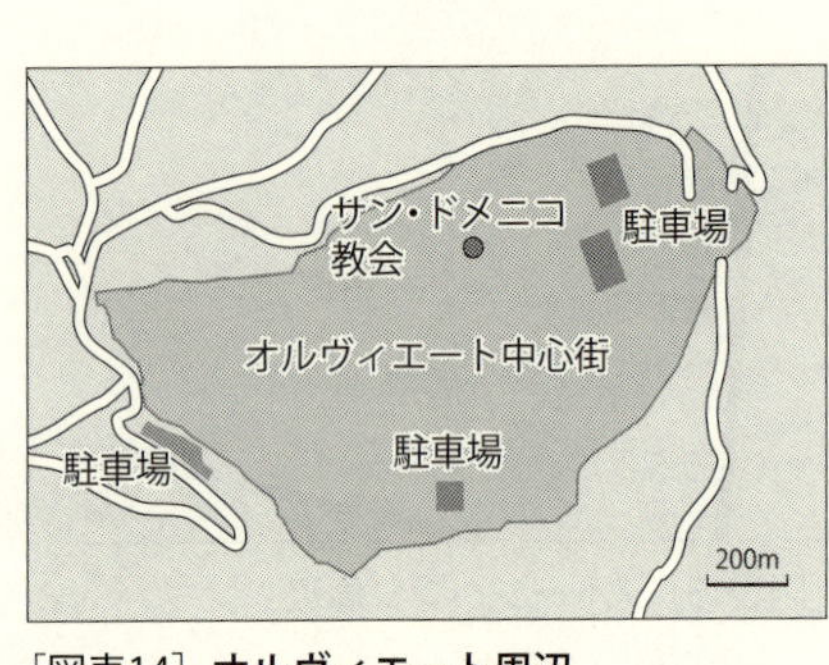

［図表14］**オルヴィエート周辺**

ただし、地元の住民以外の場合は、車で一時的に町に入ったとしても、滞在中は［図表14］に記した中心部から離れた駐車場に停めなければなりません。つまり、最終的には歩くことになるのです。

観光名所から車やバスを遠ざける「メリット」とは

観光名所から遠いところに車やバスを停めさせると、不便さが増して、不満が噴出するイメージがあります。しかし実はその土地に、以下のような「商売」「生活」「景観」「文化」に関するメリットが生じるようになります。

- 商売：町の活気が守られる。またそれが商売繁盛につながる。
- 生活：町が交通渋滞や排気ガス汚染から守られる。
- 景観：駐車場や大型バスの停留所を町中から遠ざけると、美観が守られる。
- 文化：古い町や遺跡の持つ価値を損なわずに、本来の文化的・歴史的環境を健全に維持できる。

日本の観光が未だ車誘導型であるのに対し、世界の観光では「歩かせる」ことこそが、マネージメントの常識となっています。

実際、ローマ、パリ、マドリッドと、世界の観光をリードしている都市の多くは、旧市街への車の乗り入れを規制しています。大都市だけではありません。スペインの最近の法案では、2025年までに低排気量の車以外は、5万人以上の町からすべてシャットアウトされることになりました。この車規制は、すでに約100の市や町に適用されています。

イギリス南部のウィンチェスターは、ローマ時代に起源がある小さな町です。旧市街の商店街であるハイ・ストリートやその周辺では、通行パスを持つ地元の業者にのみ、車の使用が許可されていますが、それ以外まったく乗り入れできないようになっています。

イギリス国内での車の規制はウィンチェスターのみならず、ヨーク、リーズ、カーディフなど、多くの地方都市で実行されています。そして住民たちや観光客の多くがそれを歓迎し、「車をもっと規制しよう」という運動さえ起きています。

ニューヨーク・ブロードウェイの歩行者天国

「歩く」トレンドを象徴する〝事件〟が、2009年にニューヨークで起きました。ニューヨーク市交通局が、タイムズスクエアをはじめとするブロードウェイに面した街区を自動車道から歩行者空間に転換したのです。

ニューヨーク市が発行した「Green Light for Midtown Evaluation Report」によると、それによりブロードウェイの交通渋滞が減り、歩くスペースが広がったことで、エリア内の交通事故が63%減り、タイムズスクエアへの来訪者数は11%増えたとされています。

界隈の安全性が高まり、快適性が高まったことで、さらに世界中から訪れる人が増え、タイムズスクエアは国際的な広場として機能するようになりました。結果として、ブロードウェイの歩行者天国は今にいたるまで続いています。

現在、日本国内の各地で起こっている観光公害は、町そのもののキャパシティを超えることに起因するケースが多いという印象があります。そして町のオーバーキャパシティとは、受け入れる車の量とダイレクトにつながっているのです。

車社会仕様を脱して、都市に「歩く空間」を取り戻す動きも、世界では目立っています。

ソウルでは1970年代の経済成長期に多くの高速道路が建設されましたが、2000年代に市の中心部を走る高架式の高速道路を取り壊し、緑の遊歩道に整備し直しました。元の川の流れも復活させ、青空が戻った通りは市民の憩いの場になっただけではなく、都心部に鳥、魚などの生き物が戻ってくるようになりました。高速道路の撤去によって、ヒートアイランド化していた域内の気温も数度下がったといいます。

高速道路撤去の先駆けは、やはりアメリカです。アメリカ西海岸オレゴン州の都市ポートランドでは、かつて町の中心を流れるウィラメット川沿いに6車線の高速道路が通っていました。しかし、1960年代にその高速道路を取り壊して、オープンスペースに作り直す計画が進められ、早くも70年代には眺めのいいリバーフロントが整備されました。ポートランドは近年、アメリカ人が住みたい町として高い人気を維持しており、同時に観光面でも成功を収めています。

サンフランシスコ市では1990年代から、中心部を走る高速道路の撤去に着手しています。跡地は広い公共スペース、歩道や自転車用道路に生まれ変わり、歴史的な建物が残る市内の眺めは劇的によくなりました。

同市では、高速道路の補修と、幹線道路の整備のどちらが経済性に優れているかについても検証を行い、後者の方が低いコストで効果があがることを実証しています。その政策は、後に全米を代表する観光都市の見本の一つになりました。

高速道路を取り壊して公共空間に転換することで都市が活性化した例は、ほかにもシアトル、ミルウォーキー、ボストン、マドリッドなどが有名です。とりわけアメリカではそれらの先行事例をもとに、同様の方法論を都市再生計画に盛り込む自治体が見られます。

「歩かされる」石見銀山の魅力

島根県大田市の「石見銀山遺跡」は、2007年に世界遺産に登録されています。

ここでは、最寄りの大型駐車場から世界遺産に登録されている坑道まで約2・3キロを歩いて訪ねる方式がとられています。そのため、インターネットで検索すると「たくさん歩かされるし、不便だから二度と行きたくない」といったネガティブな風評が目立ちます。果たして本当にそうなのでしょうか。「不便」といっても、どのぐらいの度合いなのでしょうか。

石見銀山には、龍源寺間歩、釜屋間歩など7つの間歩（坑道）があり、そのうち車で行けないのは、龍源寺間歩だけです。龍源寺間歩は世界遺産といっても、長い距離を歩いた先に待っているのは坑道ですから、それほど大きな感動を呼ぶ場所ではないのかもしれません。

ただし石見銀山の場合は、坑道だけでなく、ひなびた山間に残る江戸期からの町並みに深い趣があります。町を通る一本街道に、時を経た代官屋敷、武家屋敷、町人の家など木造の家々が連なる眺めは、「現代の奇跡」といっても過言ではありません。極端にいってしまえば、たとえ坑道を見に行かなくても、この町を散策できれば十分に楽しい旅を味わえる場所なのです。

それなのに、その良さが人々に伝わっていないところに、地方の観光振興が陥りがちな典型的なミスを見出すことができます。それはつまり、地域全体の魅力に焦点を合わせるのではなく、〝スポット〟としての有名寺院や歴史遺産の魅力だけに頼ってしまう、ということです。

石見銀山のように「歩かされる」町であることは、世界の観光トレンドからいえば、むしろ強くアピールすべきところでしょう。ネガティブな風評に惑わされることなく、「石見銀山は歩いて楽しむ町です」と、自信を持って打ち出せば、この場所の価値を本当に理解し、町を歩いてみたいと思う人が訪れてくれます。

単に「不便だから失望した」という人は、おそらく石見銀山やそれを取り巻く文化に対して深い興味を持っていないはずです。そういう人はほかの世界遺産に行っても失望するでしょうし、先述したオルヴィエートなどはもってのほかでしょう。

京都で大幅な車規制をかけられるか

すでにオーバーキャパシティの様相を呈している京都ですが、一つの対応策として、旧市街の幹線道路からマイカーをシャットアウトすることが検討できます。たとえば繁華街を通る幹線道路を、思い切って歩行者天国にする。または車線を減らすか、一方通行にする。

ニューヨークでは、南北に走る太い筋（アベニュー）はすべて一方通行です。たとえば２、５、７番街は北から南、１、３、６番街は南から北へとなっています。東西の細い筋（ストリート）は、ほとんどの偶数番が西から東、奇数番が東から西となっています。京都の中心街では、寺町、麩屋町、富小路など狭い道路は、すでに交互の一方通行を敷いていますが、ニューヨークにならって、河原町、烏丸、五条通りなど幹線道路も、交互に一方通行にしてしまうのです。

その意味で、京都の中心にある四条通りで行われた車線減少の試みは興味深いものでした。

京都市は２０１５年に、河原町通りを挟んだ四条通りの１キロ区間の車道を、４車線から２車線に減らし、その分、歩道を拡幅しました。この区間は京都の「ヘソ」ともいえる、まさに街のど真ん中です。そのような場所に歩行者優先の考え方を持ち込んだことは、先述したヨーロッパの町や、ニューヨークなど、海外の事例に近いものだと思います。

歩道が広がったことで、歩行者からは「観光混雑がひどかった四条通りが、歩きやすくなった」「ベビーカーを押しながらでも、ゆっくりと歩けるようになった」など歓迎の声が上がりました。しかし一方で、車道側には大渋滞が発生し、市民生活の足となるバスやタクシーの運行には支障が出て、激しい賛否両論が湧き起こることになりました。

まだ道半ばの実験で、歩行者と車の共存には程遠い現状ではありますが、行政がこのような「実験」を行ったことは、前向きに評価するべきだと考えます。

「便利の神話」が根強い日本では、交通のオーバーキャパシティが問題になっても、行政がそれに触れることを怖がって、なかなか前向きな解決が示されません。商店主たちは「客が減る」、観光客は「名所まで歩かされるのはいやだ」と、こぞって反対します。しかし、そうした車中心の思考は、もはや世界の常識からはずれているのです。本当に観光立国を目指すのであれば、その先にある次世代の流れを念頭に、システムの改良を進めるべきでしょう。

小田原「かまぼこ通り」の答え合わせ

では、先述した小田原「かまぼこ通り」の思考実験の答え合わせをここでしたいと思います。

この通りは「かまぼこ」という統一したテーマがあるので、土産物店が雑然と並ぶ観光通りとはひと味違う印象を受けます。しかし観光という意味では、現状ではそれほどこの界隈は栄えていません。本来ならお城を見た帰りに、名物のかまぼこ目当てにちょっと足を延ばして、この通りをぶらぶら歩く、という楽しみ方を期待したいところですが、あらためて〔図表10〕を見ていただければお分かりの通り、お城との間の動線がうまく結ばれていないため、実際にはそのようになっていないのです。

「かまぼこ通り」の価値を高めるには、ここを「歩きたい」と思ってもらえる界隈にすることが大切です。そこでこの通りを歩行者天国にしてみたらどうでしょうか。それによって歩行者の快適性を上げ、通りを歩く意味や楽しみを作るのです。

そういうと、商店の主人たちから「車の利便性を高めないと商売がうまくいかない」という声が聞こえてくる気がします。しかし日本にも「歩く」ことを主体にして成功している「通り」の例はたくさんあります。たとえば伊勢神宮のお膝元にある「おかげ横丁」は、歩行者が車に気兼ねなく歩けることで、人気を保っている代表例でしょう。

通りを歩行者天国もしくは歩行者最優先にすることに、地元が大きな懸念を抱くことは理解できます。しかし、それは従来の画一的、硬直的な「通行禁止」や「車両禁止」に縛られているからです。車規制をする場合は、地元の業者や住民たちは自由に出入りできるように融通をきかせればいいのです。

車規制に対する拒否反応は、小田原や京都だけではなくて、ほぼ全国的な問題です。しかし、ここで紹介した世界の事例を見ていただければお分かりのように、車優先という考え方は、すでに前世紀的な固定観念でしかないのです。

「公共工事」という観光公害

日本は基本的に「土建国家」です。

観光に限らず、農業でも、スポーツでも、医療でも、「国民のために何々を促進しよう」

という機運が盛り上がれば、その議論が行き着く先は「じゃあ道路を作ろう」と、話はいつの間にか公共工事に帰着していきます。

これは日本という国が抱える構造的な問題です。拙著『犬と鬼——知られざる日本の肖像』（講談社学術文庫）にも書きましたが、欧米の先進国と比べて、日本では地域経済や雇用が公共工事に依存している割合が著しく高く、依存がもはや国そのものの仕組みになっているので、一朝一夕には解決が図れません。同時に、ここまでに記した「交通」問題とは切っても切り離せない関係にあります。

観光関連の公共工事依存の根本には、「道路や駐車場ができて便利になる→観光客が来る→地元が潤う→住民の生活がよくなる」という思い込みが強く残っています。

そもそも観光の場合、田園風景なり、風致空間なり、地域の美しい景観をその資源として活かすことが本来の目的としてあります。それなのに、やみくもに道路や駐車場を作ることによって、その景観を破壊してしまう。そこに大きな矛盾があります。

特に災害の後になると、「安全」という名のもとに、驚くほど醜悪な構造物が建設されがちです。災害大国の日本では、安全と災害対策はもちろん重要な観点です。しかし、それが景観の軽視につながっている現状は考え直すべきことです。

景観への配慮をしながら土木工事をデザインすることは、現在の技術からすれば十分可能です。実際、ヨーロッパ諸国では数十年前から、土木に景観技術を取り入れてきましたし、そのような先行例も豊富にあります。しかし残念なことに、日本では一向にそのような方向性が見られず、むしろ醜悪さが強まっている印象すらあります。

その現象の深層には、第二次大戦後、焦土と化した国土を前に、日本人の中に根付いた心理が重く横たわっているように感じられます。当時の人たちにとって、焼け跡の光景はあまりに悲しく苦しくて、そこからの復興の経験は言葉に表せないほど強烈だったはずです。その過程の中で、国民全般に「醜悪なもの＝頑丈」、「ジグザグのコンクリート＝先端技術」、「自然破壊＝安全保障」といった結びつきが埋め込まれてしまったのではないでしょうか。

そのメンタリティは、成熟した経済大国になった後でも、弱まることがなく、むしろより強固な方向に向かいました。東日本大震災の後に、東北の沿岸部に築かれたコンクリートの防潮堤は極端な例ですが、「災害建築ラッシュ」の結果、景観に計り知れない打撃を与えている例はほかにもたくさんあります。

２０１６年の熊本地震の後には、南阿蘇ののどかな田園風景の中に巨大なコンクリートの土木工事が施されました。防潮堤や山の斜面をコンクリートで埋める工事は災害関連の工事であり、「観光」とは直接に関係はありません。しかし、これから熊本県の阿蘇地方の自治体が観光を促進したいと考えた場合、このようなコンクリートの塊が田園風景の中にあることは、一帯の観光価値を著しく引き下げることになります。世界的な視点に立ったならば「田園の風景を楽しみたい？　だったら日本ではなくて、イタリアかイギリスに行けばいいさ」と、考えられてしまうことでしょう。

地震の後に見かけた熊本県南阿蘇のコンクリート工事。大津愛梨撮影

さらに日本には「観光立国」の題目の下で、景観にダメージを与える建設が無数に存在します。たとえば駐車場、高速道路、アクセス道路、コンクリートの歩道、橋、護岸工事、ガードレール、大型看板、そして大規模な「道の駅」など、「観光促進」が決まるや否や、それらの建設が始まります。

町中や農村に点在する、自分だけがひそやかに愛していた風光明媚な場所。そこを久しぶりに訪れたら、景観に似合わない巨大な建造物ができていて呆然とした、という経験をした人は、この日本にさぞ多いことでしょう。

公共工事の「中身」を入れ替えよう

はっきりいえば、現行の仕組みの上での日本の公共工事は、ほぼ景観を壊すものになっています。それは日本の土木の宿命であり、また常識でもあります。すでにその良し悪しを論じる段階は過ぎていて、土木を監修している中央官庁と地方行政の能力では改善も改革も期待できません。その場所にそぐわないコンクリートの構造物は、日本の現代文化の一面だと受け入れた方が、かえってラクかもしれません。

しかし、簡単に諦めてしまってはいけません。

解決策として考えられるのが、従来の公共工事の「中身」を変えていくことです。

公共工事に税金を投入すること自体は、決して悪いことではありません。雇用の受け皿として公共工事が果たしている役割は小さくありませんし、むしろ、公共工事はなくしてはいけない、増やしてもいいくらいです。現実としても、日本経済は公共工事に依存してしまっているので、急激な転換をすれば、それで大きな負荷がまた生じてしまいます。

ただし、その中身については、まさに再検討すべき時期を迎えているのも事実です。

たとえば視点を「建設」から「景観」に移してみると、古くなった工場などの撤去、景観を台無しにしている看板の撤去、電線の埋設など、やるべき公共工事がたくさんあることに気づきます。古い歴史的な町並みを整備することもそこに含まれます。

都会の景観向上の観点では、市町村レベルで扱う公園の整備、街路樹の手入れ、看板の整理などがあり、自然景観の観点からは、国立公園内の高圧鉄塔の移動や、使い古したダムの取り壊しなどがあります。インフラでいえば、簡易水道や下水道の整備はまだ全国に及んでいませんし、さびれた港の再開発など、都市のリモデル、リノベーションのタネは枚挙にいとまがありません。

肝心なことは、それらの工事に「景観保護」、あるいはすでに傷つけられている場所の「景観回復」の観点を、十分に反映させることです。美しい国土で知られるヨーロッパ諸国は、国土の歴史的、文化的価値を重視した公共工事に数十年来、力を入れ続けたことで、世界に冠たる景観を手に入れているのです。

祖谷での「中身」の入れ替え例

第2章で紹介した徳島県・祖谷での古民家一棟貸し「桃源郷祖谷の山里」は、高い稼働率を達成していますが、当初は「こんな交通も不便で、周囲に店もないような田舎に、お客さんが来るはずがない」という意見が大勢でした。しかし、ここを訪れる人にとっては、その「何もない」ことが価値であり、それによって日常とはまったく違う時間を体験できることが、大きな魅力になっているのです。

これらの古民家再生には補助金が用いられています。それはつまり「中身」が入れ替えられた、新しい公共工事だといえます。

古民家再生は過疎地に世界中から旅行者を惹きつけるだけでなく、地元経済にさまざまなプラスの効果をもたらします。たとえば地場の工務店は、古民家再生を手がけることで、プレハブ住宅とは違った床張りや、壁の塗り方に関する知識や技術を蓄積できます。古民家の空間は、それにふさわしい家具も必要としますので、県内の家具職人や木工職人にも、新しい仕事の機会が生まれます。

宿泊施設の場合、維持管理に携わる人も必要ですので、そこで雇用も発生します。現在では息苦しい都会で働くより、身近に自然があって、景色のいい地方で仕事をしたいという若い人たちも増えています。都会から移住してゼロから生計を立てていく場合、農業や林業を始めようとするとハードルは高いものですが、ホスピタリティを主にした観光業なら、それは低くなります。観光を核に補助金をうまく使えば、古民家という日本の貴重な住居遺産が救われ、なおかつ、さまざまな職種の仕事が広がり、人が定着することで、地元の再生を図ることができるのです。

ところが、険しい山が折り重なるような祖谷の土地ですら、「道を広げよう」「大型駐車場が必要だ」といった話がよく出てくることには危機感を覚えます。

山間の宿に来てくれるお客さんは、くねくねとした道路を車で走ること自体に旅のロマンを感じています。それなのに町からバイパスで一直線に来てしまったら、「秘境」を訪れる感動は半減してしまうことでしょう。祖谷を訪ねる旅人は、古民家だけを見に来ているのではなく、周辺の風景を楽しむことを目的にしています。肝心の風景を壊す建造物が増えたら、祖谷への興味は減り、足も遠のいてしまうはずです。

便利さを求めることは、安全にもつながることで、その必要性は否定しません。しかし、その前提である景観を壊す道路や駐車場、ハコモノの建設は本末転倒です。祖谷に限らず、全国的にいえることですが、地域観光にとって一番大切な資源とは、素朴で美しい風景です。その風景の中に、やみくもに道路を通し、さらにその工事に伴って山と川にコンクリートを敷き詰めることは、やはり観光公害にほかなりません。

必要なのは意識改革

前向きな変化も起こっています。この数年、国の予算には、町並み保全と美化のお金が組み込まれるようになりました。以前にはほとんど見られなかった傾向です。

私は祖谷以外に長崎県小値賀町、奈良県十津川村、香川県宇多津町、京都府亀岡市などでも古民家再生事業を行ってきましたが、多くは国の補助金によって成り立っています。道路建設などの公共工事に比べれば、微々たる金額に過ぎないと思いますが、公共工事の「中身」の切り替えは、足元から始まっているのです。祖谷の古民家改修では、地元で道路を作っている建設業者が活躍してくれています。日本の建設業者の多くは道路も作れれば、古民家再生もできる。彼らにとっては、仕事があることが望ましい状態なのであり、「古民家再生ばかりでは倒産してしまう」ということでは決してないのです。

だからこそ、公共工事を次のステージへ押し上げるには、人々の意識改革が欠かせません。「公共工事」の定義について、コンクリートを使った道路や護岸、ハコモノ建設といったこれまでの認識から離れ、電線埋設や不用なダムの撤去、そして古い町並みや古民家の再生にまで広げることが必要です。

「不便はすなわち悪」、あるいは「醜悪な建造物を見ても何も感じない」といった意識が強いままでは、国にどんなに観光資源に恵まれた場所があろうとも、真の観光立国に結びつきません。その意味で、観光公害の責任は行政や業者だけでなく、国民自身にもあるのです。

残念ながら日本では、「公共工事」という名称のもとで、なし崩し的に行われる景観破壊が多発しています。公共工事がもたらす不条理ともいえる負の循環に気づき、それを直さなければ、観光「立国」のはずが、いつしか観光「亡国」へと転じていくことでしょう。

第5章　マナー

嵐山にある散策路の竹に彫られた落書き。京都市右京区で。2018年５月ごろ撮影。読売新聞社提供

「観光公害」以前に「看板公害」

日本の観光地にはここまでにご紹介した「観光公害」以前に、実はもう一つの公害が長いこと存在しています。それが「看板公害」です。

観光公害がニュースなどで取り上げられるときは、キャパシティを超えた混雑や、違法民泊の問題がクローズアップされがちですが、名所や町にあふれる看板は、観光にも文化にも間違いなくダメージを与えています。

ためしに観光名所を訪ねてみましょう。

近くに行くと、町角に「何々寺はこちら」、駐車場には「入口はこちら」、門には「重要文化財」、参道には「順路はこちら」、路地には「トイレはあちら」の看板が。中に入れば、その玄関に「土足厳禁」「禁煙」「火気厳禁」。廊下と座敷前、庭の前には「撮影禁止」。美術品には「撮影禁止」に加えて「ガラスに触るな」。

見終えて名所を出れば、その出口には「売店はこちら」。出たところでもう一度「駐車場はこちら」と、最初から最後まで、際限なく看板に迎えられます。従来の文字による注意や標識に加え、最近ではアニメやゆるキャラを加えたバージョンまで増殖しています。

どんなに由緒のある寺社仏閣であろうとも、ひとたび足を踏み入れれば、「境内禁煙」「立ち止まらないでください」「危険」「柵外に出ないでください」といった、注意のオンパレード。境内を見渡して目に入ってくるのは「有料駐車場／ご参拝の方は無料です」「受付所」「ＴＯＩＬＥＴ」「厄除け祈願受付」……。

看板が多い日本の寺社。アレックス・カー撮影

私は日本の「神道」に関心を持ち、インバウンドツアーに向けた特別参拝の手配や、神道の歴史についてのレクチャーなどを行っています。神社と神道の儀式は、水で「禊（みそぎ）」、「大幣（おおぬさ）」で清め祓（はら）いを行い、「祝詞（のりと）」をあげて「祓へ給ひ清め給へ」と願うなど、あらゆる形で潔癖で、清らかな「神の世界」を表しています。「神社の境内は『神が宿る地』ですので、参拝する際には手と口を清めます」と、外国からの参加者には説明しますが、その後でみんなを連れて神社を訪れると、

境内は見苦しい看板だらけ。潔癖どころか、ゴミゴミした環境を見て、「清らかさはどこにあるのか」とびっくりされます。

確かに近ごろの神社仏閣は、歴史や信仰というよりも「指示」と「注意」、または客を迎える「商売」の場になってしまっています。

寺社がそのような状況であれば、町中はいわずもがなで、通りを歩けば、店や商品の宣伝看板の洪水。聖域から俗域まで、都会から田舎まで、いたるところ看板だらけで、それが景観への大きな阻害要因になっているのです。

――「土足厳禁」「Please take off your shoes」

たとえば文化的価値がきわめて高いお寺の宝物館に行ったときのことです。そこに展示されていた、寺に伝わる貴重な仏像や仏画、江戸期の襖絵（ふすまえ）などはすばらしいものだったのですが、館内に入る前に受けた看板の洗礼には、いささか戸惑いました。

まず宝物館の前に、お寺のマスコットを描いたのぼりがパタパタとはためいていました。館内に入ると、展示室の前室の壁、ドア、床に、けばけばしい赤と黒で書かれた「立ち入り禁止」「土足厳禁」「スリッパ履き替え」「入口」「撮影禁止」「開放厳禁」の看板や張り紙が。数えてみたら、合計で9点もありました。

これから美術品を鑑賞する、というより、健康診断でレントゲン室に入るときのような気分になりました。

また、別のお寺にある日本屈指の仏像が収められたお堂では、その階段に「土足厳禁」の注意書きが、「Please take off your shoes」という英語とともに、繰り返して貼られていました。

これには仏さまもびっくりです。もし、どうしても注意が必要というならば1、2点に減らすか、せめて階段

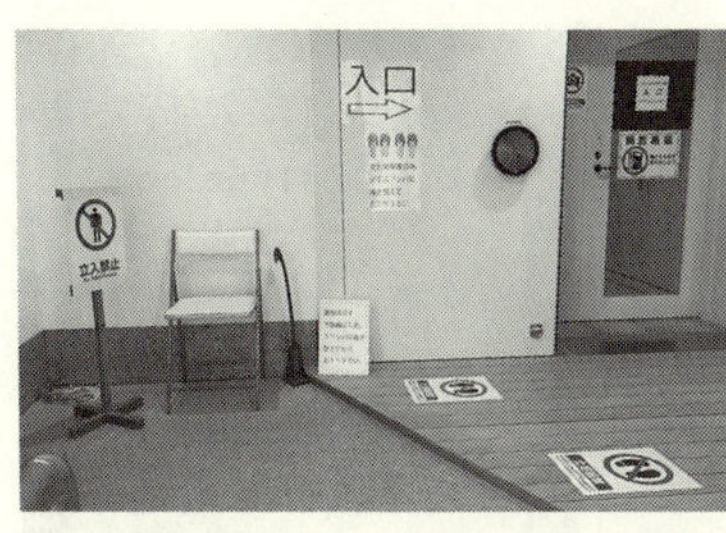

お寺の宝物館入口。アレックス・カー撮影

多くの注意書きが貼られたお寺の階段。アレックス・カー撮影

の真ん中ではなく端に貼ればいいでしょう。
最近では看板の注意内容も多様化、バージョンアップして、凝った禁止マークが作られていますが、日本の名所では、展示品や美術品そのものの説明より、「禁止」を訴える看板が目立つことが多いのも事実です。

禁止行為を一覧にした看板。アレックス・カー撮影

看板だけでマナーは向上しない

ここで日本の観光地に氾濫する看板を大別すると、「説明と誘導」「注意」「商売」「宣伝と告知」の４つに大きく分けることができます。
「説明と誘導」とは、その場所の歴史、地図、順路、入口・出口、トイレ、矢印案内など施

設の案内をするもの。「注意」は、撮影禁止、柵内立ち入り禁止、土足禁止、火気厳禁など、来訪者の行動を制限するもの。「商売」は、お土産売り場の案内や厄除け祈禱の受付などで、「宣伝と告知」は「○周年記念」「○○展」など、文字通り、当所にまつわるＰＲの用途です。

でも今一度、考えていただきたい。果たしてそれらの看板や禁止マークは、本当に必要なものでしょうか。それだけでマナーは向上するのでしょうか。

今や世界中の町が観光客であふれる時代になりましたが、それでも観光において先行している欧米では、町や文化的な空間が、看板であふれる事態にはなっていません。

欧米の名所やレストラン、コーヒーショップでは、「注意」「商売」「宣伝と告知」のみならず、「説明と誘導」にしても、看板の数は少ないものです。名所の中に入った後でも、敷地内の誘導看板は最低限に抑えられています。

それで観光客が迷子になるかというと、そんなことはありません。今はインターネットやＳＮＳが発達していますので、控えめな看板が一つあれば、行き先は分かります。同じ情報や真っ赤な矢印の繰り返しは、あきらかに不要です。

以前、講演で看板公害の話をしたときに、お寺のご住職から「日本人はマナーが悪いから、看板を出さないとダメなんですよ」といわれました。しかし、あえていえば、大切な場所に

伊勢神宮にある木製の看板。アレックス・カー撮影

看板を立てて周囲の景観を醜くし、その場所に敬意を持っていないことをあらわにしているから、それが来訪者の心に映ってしまうのです。当事者にその場所への敬意がなければ、看板を使って来訪者に「尊敬しろ」といっても、効果は期待できません。

看板公害への対応策は、以下の3点に集約できます。

- 看板の数を減らす。
- 看板の位置を検討する。
- デザインに配慮する。

看板の数を減らすために重複、繰り返しはやめる。看板の位置は、建物や仏像の真ん前ではなく、少し横にずらす。いずれも簡単な工夫です。看板のデザインは、その建物、空間、背景に合った素材を使い、それらの邪魔をしないことを念頭に置く。そのようなルールを、それぞれが守ればいいだけの話なのです。

ここまで悪い印象の看板について挙げましたが、いい看板の事例もあります。その筆頭が三重県伊勢市の伊勢神宮です。伊勢神宮は「看板の数を減らす」「看板の位置を検討する」「デザインに配慮する」という、3点を徹底しています。

木に筆文字の看板は境内の雰囲気を損なわず、また設置場所も、社の真ん前を避けてありますので、注意を喚起しながらも邪魔にはなっていません。

ではそのような伊勢神宮で、看板が少ないせいで迷子になったり、土足でお社(やしろ)に上がったりする人が続出しているかといえば、もちろんそんな話は聞こえてこないのです。

「撮影禁止」が招く弊害

いい例を挙げた直後に、また苦言に戻ってしまいますが、名所や社寺の看板の中で、最もポピュラーな文言が「撮影禁止」です。

たとえば日本の仏像の中でも、最もドラマチックな印象のある千手観音を擁する有名なお寺では、お堂の真ん前に、「撮影禁止」と3カ国語で書かれた看板が5つも並んでいます。

これでは千年以上も篤い信仰が続く仏さまの霊験も薄れてしまいます。

「撮影禁止」の看板は、このお寺に限った話ではありません。たとえば京都と奈良のほとんどのお寺では、庭、建物の前、階段、床、柱と、どこを見ても「撮影禁止」の文字が目に入るようになっています。

日本のお寺や美術館の中には、「写真を撮らせないこと」に命を懸けているようなところがあります。その姿勢は、看板や張り紙だらけの光景と深層の部分でつながっています。

一方で世界に目を向ければ、グローバル観光時代の現代、多くの美術館、博物館で「撮影解禁」が主流になっています。たとえば、世界的にも有名な「ボルゲーゼ美術館」「ウフィツィ美術館」「ルーブル美術館」「大英博物館」「上海博物館」などはみな撮影解禁です。

仏像の前に置かれた「撮影禁止」の看板。アレックス・カー撮影

念のために補足しておきますが、ここで私がいう写真とはスナップ撮影のことで、フラッ

シュや大げさな機材を使わない撮影のことです。フラッシュは対象物の劣化を招きますので、使用禁止であることはもはや常識です。

日本でも「東京国立博物館」「国立西洋美術館」などが世界の潮流をとらえ、常設展の撮影解禁を始めていますが、「京都国立博物館」や「奈良国立博物館」などは撮影禁止のままです。

京博や奈良博よりも、さらにかたくなに「秘仏精神」を守っているのが、ほかならぬ寺社です。たとえば京都の禅寺に残る襖絵は、日本の誇りといえる美術品ですが、「秘仏精神」、あるいは著作権への強い執着心によって「撮影禁止」が行き渡っています。

写真撮影を解禁している美術館や寺院は、写真を撮ることが来館者の勉強になることを理解しています。誰かが写真をネットにあげたとしても、それが自分たちの持っている宝物の発信になるととらえています。

対して日本では、お寺でも美術館でも「秘仏精神」が第一とされ、それによって、日本の文化が国内にも海外にも発信されない事態につながっています。それではたして、禅寺に残る襖絵のすばらしさが広く認識されているかというと、現実はその反対です。

とりあえず、誰からも発信されていないので、襖絵はインターネット上にほとんど出ていません。今では、インターネットで検索して見つからないものは、「ない」ものと見なされます。そのような状況の中で、襖絵も世界から見れば残念なことに、もはや「ない」に等しい存在となっています。

「秘仏精神」に関しては、時々滑稽なケースも見かけます。たとえば京都の世界遺産、二条城では、保存のためにオリジナルの襖絵を取り外して収蔵庫に収め、元の場所は複製したものを設置しています。それでも「撮影禁止」は相変わらずで、そのための看板が設置され、さらに監視員まで配置されています。

やたらと注意されたり、絶えず監視されたり、という環境は、訪問者にとって決して居心地が良いものではないはずです。

多言語表示は本当に必要か

看板公害とは、インバウンドが急増する以前から、日本の観光名所に長く存在していた問題でした。つまり、観光に関連した「公害」とは、全部が全部、インバウンドによって引き起こされたものではない、ということです。

最近では、世界各国から観光客を日本にお迎えしましょう、という背景もあり、英語、中国語、韓国語、フランス語、スペイン語、アラビア語と、看板に記される言語にもキリがない状況があります。国際的な観光機運の中で、多言語表示は、基本的には良いことではありません。ただし日本の場合、インバウンド増加を呼び水に、もともと過剰な看板が多言語化して、2倍、3倍と増えていく事態を招きかねません。実際に福岡県のあるお寺では、外国人観光客が急増したことで、境内での飲酒飲食やスケートボードの乗り回しなどマナー違反も急増。12か国語でマナーを喚起する看板を設置しました。しかし、それでも効果はなかったそうです。

さらに気をつけるべきは、観光名所や商業施設などで、マナー喚起のアナウンスを多言語でエンドレスに流す動きです。看板は目をそらせば見なくてすみますが、耳を直撃するアナウンスからは逃れられず、それは精神的なストレスになります。アナウンスにも適切なやり方を取り入れなければ「視覚汚染」のみならず「聴覚汚染」も広がってしまいます。

言語に限っていえば、日本語と英語、もしどうしても必要なら中国語、という3か国語で事足ります。

今はアプリを使った翻訳の精度も日進月歩で高まっている時代です。テクノロジーの発展に任せられるところは、どんどん任せればいい。それでも多言語での説明が必要な場面では、説明用のパンフレットやオーディオガイドの方で多言語展開をすればいいのです。

一つの救いは、日本の役所が、そのような認識をベースにし始めていることです。たとえば観光庁は「観光立国実現に向けた多言語対応の改善・強化のためのガイドライン」（2014年）で、「駅名表示、立ち入り禁止、展示物の理解などに関する基本ルールは、日本語と英語の2言語」と記しています。つまり、際限なく広がりがちな多言語表示について、ルールを示しているのです。

一方で総務省も、2020年東京オリンピック・パラリンピックを前に、交番、観光案内、入国管理などを想定した自動翻訳の導入を推進しています。実際に、日本語、英語、中国語、韓国語、ベトナム語など31言語の翻訳が可能なスマートフォン向けアプリ、「VoiceTra」を開発しています。

景観を壊す可能性の高い看板による多言語表示ではなく、アプリなどを用いたテクノロジーによる解決は、上手に進めていただきたい動きの一つです。

多言語化について少し補足をするならば、翻訳の質にも注意することが必要です。日本では、翻訳する際に起こりがちな失敗が二つあります。一つは、せっかく多言語にしても、翻訳の質が低く、かえって対象の価値を損ねてしまっているパターン。もう一つは、欧米人や中国人向けの案内を、相手側ではなく日本人から見た興味だけで書いてしまうことです。

観光客が興味を持つポイントは、それぞれの母国の文化によって違いますし、また興味を満足させるための文章表現、スタイルも変わってきます。そのためには、外国からのインバウンド動向に詳しく、文章表現のスキルのある人に頼む必要があります。外国人の翻訳なら誰でもいいわけではないのです。翻訳には、その国の文化レベルが如実に現れます。翻訳は、きちんとしたプロにお願いして欲しいと強く感じています。

創造的解決法でマナーを喚起する

京都といえば祇園、祇園といえば花見小路ですが、近年はそこに「パパラッチ観光客」が大挙して押しかける事態になっています。日暮れ時に花見小路に行ったとき、お座敷に出る芸妓さんと舞妓さんを観光客が取り巻き、顔先にスマホを向けて、バシャバシャと写真を撮っている光景に出くわしたことがあります。あまりのマナー違反に、思わず眉をひそめましたが、聞けばそのような光景がむしろ常態化しているといいます。

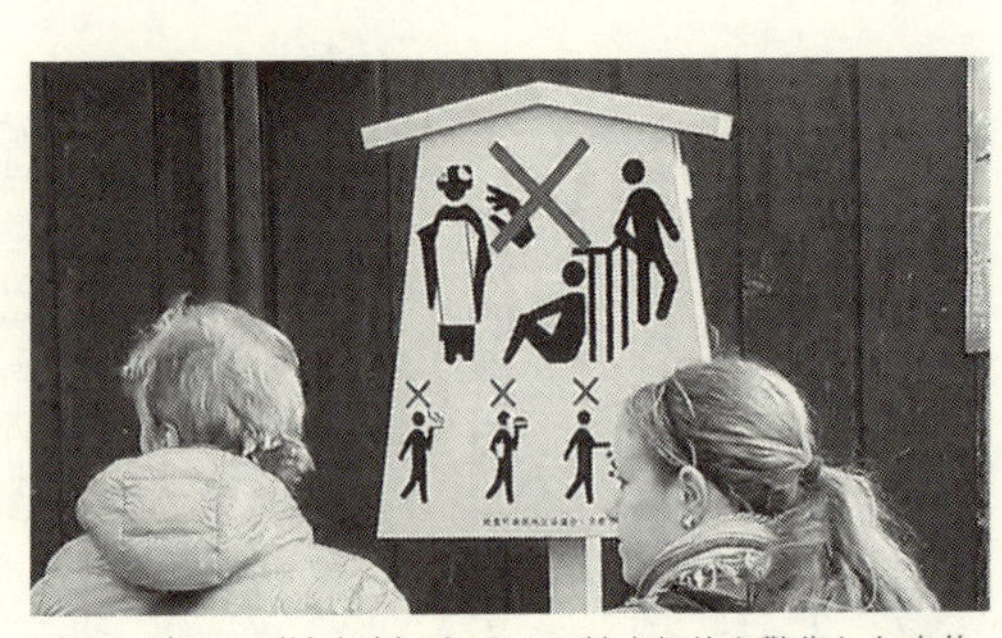

ピクトグラム（絵文字）を用いて禁止行為を警告した高札。京都の祇園にて。2016年３月19日撮影。読売新聞社提供

祇園ではパパラッチだけでなく、スナック菓子を食べたその手で舞妓さんの着物にさわる、着物を引っ張って破く、袖にタバコを入れる、といった悪質な行為も報告されています。舞妓さんはおこぼ（高さ約10センチメートルの下駄）を履いているので、着物の袖を引っ張られたりすると転ぶ恐れもあり、あぶないのです。

よその土地に観光に来ている、ということで、普段よりはしゃいでしまうのでしょうが、舞妓さんへのちょっかいだけでなく、祇園では木造の建物の軒先でタバコを吸ったり、飲食をしたり、完全にプライベートな空間である置屋の玄関をいきなり開けたりするなど、観光客による数々の不行跡（ふぎょうせき）は枚挙にいとまがありません。なお、その対策として祇園が選んだのは、結局、禁止行為を警告した看板の設置でした。

観光客のマナー違反は、祇園に限ったことではなく、世界中で問題になっています。

フィレンツェでは、サンタ・クローチェ聖堂など世界遺産の周囲で飲食をする観光客が問題になりました。ミケランジェロやガリレオが眠る聖堂の前に、食べ残しのゴミが散らかる事態に対応して、フィレンツェ市はランチの時間帯に階段や建物の周囲に水を撒いて、人が居座れないような強硬作戦に出ました。

タイのチェンライにあるホワイト・テンプル（ロンクン寺院）は、敷地中が白で統一された奇妙な味わいの観光名所ですが、ここにも近年は観光客が大型バスで押しかけて、さまざまなトラブルを起こすようになりました。たとえば中国人女性が使用後にトイレを流さず、トイレットペーパーの塊を便器の中に捨て、係員が注意したけれど、無視して去ってしまった、というようなトラブルも報道されています。

言語だけでなく、さまざまな文化や生活習慣を背景に持つ観光客に対して、どのようにマナーを喚起するか。それについては世界中が試行錯誤を続けている最中です。

ここで祇園の花見小路に関して、創造的な解決策を考えてみましょう。それはたとえば「花見小路レーン」の設置です。花見小路の半分を仕切り、そこに芸妓、舞妓、置屋、お茶屋さんら、地元の花柳界や飲食店の関係者しか歩けない歩道を設けてはいかがでしょうか。「花見小路レーン」は歩行者天国ではなく、あくまで「地元民天国」。地元民にはパスを発行し、パスを持っていない人は歩けない。花見小路に並ぶお店に接近できるのも、予約のある客だけ。レーン設置の時間帯を芸妓さん、舞妓さんたちが出勤する夕方に限定すれば、大きな支障も出ません。これを実行したら、観光公害に悩む京都が行った〝英断〟として、世界的なニュースになるかもしれません。

もう一つ、入口に「マナーゲート」を設ける方法も考えられます。ゲートを通過できるのは、事前にマナー講座を受けた人だけ。それらの受講者には特別なパスが発行され、特権的にゲートを通ることができます。

ゲートの設置は花見小路だけではありません。清水寺、二条城、金閣寺、銀閣寺……。混雑を極めるあらゆる観光名所に「マナーゲート」を設けましょう。もちろんマナー講座は外国人だけに用意するのでなく、日本人観光客にも受けてもらいます。

「日本人にもマナー講座を」というと、ブラックジョークにも聞こえるかもしれませんが、要は観光をするにあたって最低限の常識を観光客に持ってもらうことがいかに大切か、ということです。

大型バスでマナー講座

「マナーゲート」は極端な案だとも思いますので、京都に入る観光客に必要なマナーを知ってもらう仕組みについて、より現実的なものを考えてみましょう。

先述したタイのホワイト・テンプルでは、問題が起きてから、大型バスで来る中国人のツアー客が敷地内に入る前に、レクチャーを受けてもらうようにしました。バスの中でタイの行儀作法を教えて、講義を受けない人は入場させないという作戦は結構効いて、それからはトラブルも減っているそうです。

マナー違反は大型バスの観光客に限りませんが、団体で動く観光客への対策は比較的練りやすいものです。ホワイト・テンプルにならって、まずはツアー会社にマナー講座の実施を義務付けることが効果的かもしれません。大型観光バスが京都市内に入った時点で、講義の時間を持つようにするのです。旅行業者にライセンスを与える条件として、マナー講座の実施を加えてもいい。ツアー客の蛮行に知らんぷりを続けるようなツアーガイドには、真っ先に受講を義務付ければいいでしょう。

個人の旅行者に向けてなら、飛行機や新幹線の中でマナー講座を行いましょう。小さな禅寺では静かに過ごす。建物内はもちろんのこと、靴脱ぎ場に置かれているスノコの上には土足で上がってはいけません。携帯はマナーモードにしておきましょう。ゴミは指定されている場所以外に捨ててはいけません――。

簡潔に3分で大事なポイントだけを述べます。飛行機に乗ったときに緊急時対応の説明を受けますが、あのイメージです。

もちろん外国人、日本人を分けへだてなく行い、無駄な差別意識を払拭しましょう。残念ながら、日本人だからいわれなくても分かる、という時代ではないのです。

マナー講座をより広めるために、受講した人には特典カードが発行され、市の関連施設の入場料が5%オフになる、などという取り組みも考えられます。あるいは、カードを持っていなければ10%アップする、ということにしたら、受講動機は高まるかもしれません。

ドミンゴが語りかけるニューヨークのタクシー

マナー講義は必要ですが、やり方によっては日本に対するマイナスな印象を植え付けかねません。

ここでは楽しい例としてニューヨークのタクシーを挙げておきます。ニューヨークでは、タクシー乗車時にシートベルト着用をうながすアナウンスを、さまざまな有名人が担当していた時期がありました。たとえばお客が車に乗って席に座った途端、世界的オペラ歌手のプラシド・ドミンゴの声が聞こえるのです。「ようこそ。私はプラシド・ドミンゴです」という美声の自己紹介が第一声で、降りるときには「では、劇場で会いましょう」。とても気が利いています。

無機的なアナウンスで「シートベルトを締めてください」といわれると、楽しくも何ともありません。しかし有名人が登場する語りは、それぞれの個性が生きていて、ウィットに富んでいました。この方式ですと、思わず「おっ」となり、「そうだ、シートベルトをしなくては」と、素直に従おうという気分になれます。さらには「オペラを聞きにいくのもいいね」といった宣伝効果まで生まれるかもしれません。ともかくニューヨーカーの多くは、タクシーに乗るたびに流れるアナウンスを楽しみにしていました。

世界で著名な有名人は、日本にもたくさんいます。たとえば野球選手やサッカー選手、オリンピック・パラリンピックの選手、関取、または映画監督や俳優、アニメのキャラクターなど。それらの人々が登場することで、日本という国の紹介とイメージアップにもなります。さらに、やたらと増えるマナー注意の看板やステッカーも減っていきます。景観が守られる上に、マナーコントロールだけでなく日本文化のPRもできて、一石三鳥です。

そろそろ「大人の対応」へ切り替えよう

最後の手段としては、罰金があります。実際にフィレンツェなどでは、悪質なマナー違反に対して罰金を科しています。

祇園では数の多い外国人観光客の蛮行が目立ちますが、実はそれと同じく困った人たちが、日本人によるパパラッチです。観光客が舞妓さんに群がるときに、ここぞとばかりに便乗して、日本人の「変態パパラッチ」が盗撮や痴漢に近い行為を働く事例が聞こえてきています。そこで「舞妓さんにタッチしたら10万円」という罰金条例を制定することにします。蛮行1回10万円となれば、傍若無人な人でも少しは躊躇するのではないでしょうか。

極端な案も含め、ここでいくつかのアイデアを記したのは、マナーコントロールの帰着点を「看板」にしないためです。繰り返しますが、人は「看板」があるから、マナーをあらためるのではありません。「看板」を見て、それでマナーに注意を払えるような人は、そもそもマナー違反をしない人のはずです。

来訪者を子供扱いして、「これはダメ」「あれはダメ」「これをしろ」「あれをしろ」と、あらゆる行動を規制しようとすると、キリがありません。まずは看板の必要性を吟味し、必要がある場合は、デザインと位置に留意した上で設置する。それ以外は、相手の常識に任せるしかないのです。

世界でも有数の著名な観光地を多く持ち、実際に世界各国から観光客を迎え入れなければならなくなった日本は、そろそろそのような成熟した「大人の対応」へとシフトするべき時代を迎えているのです。

第6章　文化

外国人観光客らでにぎわう岐阜県高山市。2018年９月12日、高山市市上三之町で。読売新聞社提供

ゾンビ化とフランケンシュタイン化

伝統文化を守っていくには、とるべき選択肢が二つあります。

一つは、昔の様式やしきたりを、そのまま守っていくやり方を選ぶことです。たとえば能楽は、この方法によって、数百年前の芸術様式を現代に息づかせています。ただ、能楽の場合は成功しましたが、昔のままに伝えていくやり方は、時に文化を化石化させ、今を生きる人たちにとって無意味なものにしてしまう恐れがあります。それは、生きているようで、実は生きていない文化の「ゾンビ化」ともいえます。

もう一つが、核心をしっかりと押さえながら、時代に合わせて姿・形を柔軟に変化させていく方法です。これは文化の健全な継承の形ですが、核心への理解がなければ、本質とは異なるモンスターを生む方向へと進んでしまう恐れがあります。前段の「ゾンビ化」に対し、こちらは「フランケンシュタイン化」といえそうです。

中国の観光開発では、古い町並みを破壊し、そこに映画セットのような「新しくて古い町」を建設する手法がよく見られます。一見すると歴史的な雰囲気がありますが、素材や形、作り方などは本物の中国文化とは、かけ離れたものです。テーマパークのような「新しくて古い町」を見慣れた観光客は、自国文化であってさえ、本物とまがい物の区別がつかなくなります。これがフランケンシュタイン化の持つ脅威です。

京都でもこの数年、町にフランケンシュタイン化が目立つようになりました。その一つが、外国人観光客を相手にした、安価な着物を扱う小売店やレンタルショップの流行です。

そこで扱っている着物は、本来の着物に比べて色や柄が不自然に明るく、派手なものばかり。生地もポリエステル製などの安っぽいもので、日本の伝統を継承して作られたものではありません。装いにしても、冬に浴衣を着たり、浴衣なのにボリューム感のある華やかな帯と合わせたりと、奇妙で陳腐なケースが多く見られます。本当の着物文化を知らない外国人は、このようなまがい物でも日本の伝統的な衣装だと錯覚し、喜んで着てはそのまま街を歩き回っています。

ホテルや簡易宿所の建設ラッシュの中、京都の建物空間にも、そのようなフランケンシュタイン化が忍びこんでいます。ある新設のホテルでは、レストランの照明シェードに、逆さにした和傘を取り付けていました。デザイナー目線で見た〝和風〟の新しい解釈なのかもしれませんが、この光景を見て、知り合いの京都人はぞっとしたそうです。なぜなら京都には、家の中で傘を開くことを不吉な印として忌み嫌う文化が今も伝えられているからです。

これらの現象は、日本の文化や伝統に対する観光客や事業主の無知、という表面的な問題だけではなく、根本に別の要因があります。それはすなわち、当の日本人が自分たちの伝統の着物や、町家のような空間の継承を放棄したということです。まがい物の着物や逆さの傘は、単純に「デザイン目線」から生まれたものではなくて、「観光客を喜ばせるために、無理に創造した日本」として、ほかならぬ日本人が作ったものなのです。

日常に本物が息づいていれば、まがい物はすぐに見破られ、安っぽいコピーが氾濫することはありません。たとえば着物のレンタルも、京都で長い歴史を持つ呉服店が手がけているものだったなら、着物文化の伝承にきちんとつながったのかもしれません。

しかし、残念ながら現在の日本では、いたるところに「文化の空白」が生じてしまっています。そして空白が広がった結果、それを喜ぶフランケンシュタインが入り込んでしまった、ということなのでしょう。

文化の「稚拙化」

歴史的な文化や文化財を扱う人たちが、本来の意味合いを忘れて、観光客向けに安っぽいものを提供する流れを英語で「dumbing down」、つまり「稚拙化」と呼びます。

日本で稚拙化が引き起こされる原因は、インバウンドの増加だけではありません。たとえば国や地方自治体、公共機関などが作る「マスコットキャラ」や「ゆるキャラ」。熊本県の「くまモン」の大成功が典型例ですが、今や日本全国どこへ行っても、キャラクターの笑顔に迎えられます。これはインバウンド向けというより、日本人を対象にした観光業の副産物といえるでしょう。

「ゆるキャラ」は駅前や商店街、遊園地といった繁華街で出会えれば、にぎやかで楽しいし、効果もあると思います。しかし歴史的寺院の山門や神聖な神社の鳥居の前、境内、美術品の横にまで「ゆるキャラ」を持ってくるとなれば、稚拙化に歯止めがきかなくなります。

日本での文化の稚拙化は、世界遺産に登録された場所でも、見受けられるようになっています。

第5章で、京都の二条城がオリジナルの襖絵を劣化から守るために、複製したものに差し替えて展示・公開していることを記しました。京都市のＨＰによると、襖絵の復元・保存は１９７２年から「二の丸御殿」で取り組まれています。

室町と江戸時代の襖絵はくすんだ紙の色、金箔に表われた「箔足（継ぎ目を重ねた部分）」、そして岩絵の具と墨の深い色合いによって、神秘的で瞑想的な雰囲気をまとっていることが特徴です。その雰囲気があるからこそ、鑑賞者は美術品が伝えられてきた年月に思いをはせ、深い感興を味わうことができるのです。

しかし近年、二の丸御殿で差し替えられた複製の襖絵は、岩絵の具の繊細な色合いが単調なものに、独特のくすんだ金色はキラキラ輝く派手なものへ置き換わっていて、それらが強烈なライトで明るく照らされています。外国から訪れた私の友人を二条城に案内したとき、彼から「ここは大きな土産物屋さんのようですね」といわれました。まさに二条城の稚拙化がもたらした感想です。

維持管理のためにオリジナルをはずし、複製に入れ替えるのは仕方ないことでしょう。ただ、今の時代は幸いなことに複製技術が非常に発達していて、近くで見てもオリジナルかコピーか、見極められないほどすばらしいものができるようになっています。たとえば大覚寺の宸殿にある襖絵も複製ですが、「箔足」が上手に復元されているので、にわかには複製とは分かりません。二条城でも二の丸御殿の廊下にある菊の襖絵は、やはり「箔足」をうまく復元しており、この建物が持つ重みと調和しています。そのような技術力があるにもかかわらず、近年展示された二の丸御殿の襖絵や壁画は、金色のラッピングペーパーのような質感です。

稚拙化を防ぐには、管理者側の信念がまず問われることになります。二条城であれば、「ここは将軍と大名が謁見した格式高い場所である」という認識が管理者側にしっかり根付いていれば、このような複製のクオリティにはならなかったのではないでしょうか。

文化財を管理している人たちには、「保存」と「維持」だけではなく、次世代の日本人と訪日外国人に、日本文化の真髄を伝える義務があります。予備知識のない観光客だからこそ、質の高いものを見てもらい、その「目」を底上げする努力が必要です。幸い、オリジナルの襖絵は敷地内にある「二条城障壁画展示収蔵館」に保管されています。二条城を訪れる人は、二の丸御殿を回った後に、こちらで本物を見ることをおすすめします。

観光には教育的な側面も含まれます。分からない人たちに合わせて稚拙化を行うのではなく、最高のものを親切な形で提供してこそ、文化のレベルアップは果たされるのです。

町の「稚拙化」

「稚拙化」は文化財だけでなく、私たちの足元の町にまで及んでいます。

京都・錦市場は別名「京の台所」といわれるように、長いアーケードの両側に、漬物店、味噌店、八百屋さん、肉屋さんなど、食べ物関連の店がずらりと並ぶ、京都を代表する商店街の一つでした。旅館や料亭などに高級食材を卸す機能を持ち、店頭を彩る食品も細工を凝らした京野菜など、さすが京料理のお膝元といえる充実ぶりで、訪れるたびに驚きと楽しみが尽きない場所でした。

しかし、インバウンドの増加につれ、通りの雰囲気はガラリと変わってしまいました。かつての魚屋さんが、どこにでもあるような土産物屋やドラッグストア、食べ歩きスイーツや軽食の店に入れ替わったのです。観光客は食べ歩き用の串刺しとなった肉料理や魚料理、またはソフトクリームを片手に市場を練り歩きます。このまま錦市場で売られるソフトクリームが定着したら、商店街はまるで「道の駅」になってしまいそうです。いえ、道の駅なら地元の名産を積極的に扱っているでしょうが、今の錦小路には、その感覚すら薄れています。

商店街が観光地化されることで、それまでの町とは関係のない業者や商品が入ってきて、その地域全体の文化や個性が消えてしまうことは、世界的な問題となっています。

たとえばバルセロナでも、800年にわたって市民の胃袋を満たしてきた「ボケリア市場」が、観光ブームによって変質してしまいました。観光ブームに沸く前までは、飲食店主

錦市場では外国人の姿が目立つ。2013年5月11日撮影。読売新聞社提供

だけでなく、近隣の住民が毎日の買い物に訪れていた市場でしたが、近年、場内は自撮り棒を持った観光客で埋め尽くされるようになっています。こうなると、ちょっとした日常の買い物にも、恐ろしく時間がかかるようになり、地元の人たちは立ち寄らなくなってしまいます。市場の中にある店も、観光客をあてこんだピザスタンドなどが幅をきかせるようになり、地元の人たちは「もうボケリアには行けない」と嘆いているのです。

一方で、インバウンドの勢いを取り入れることで、商店街が活性化される可能性はありますので、やってくる観光客を単純に排除することは得策とはいえません。京

都と同じ関西の大阪・黒門市場はインバウンドの勢いを取り込む努力を続け、来訪者を大きく伸ばし、地域の活力を取り戻すことに成功した例といえます。

黒門市場商店街振興組合「黒門市場商店街の取組」によると、「なにわの台所」といわれる黒門市場の売り上げは、かつては料亭をはじめ町や地域住民のものがほとんどで、飲食店の衰退とともに、売り上げ・来訪者が減少していました。そこで英語や中国語を話せるスタッフを市場に置いたり、SNSにアップされることを念頭に置いたサービスを行ったりした結果、今や商店街のあちこちの店先で、インバウンドの姿がたくさん見られるようになりました。かつて一日に1万人台だった来街者も、今では2万6000人から3万人にまで増えたそうです。これらは黒門市場関係者の狙い通りのもので、まさに商魂たくましい大阪商人らしい成果です。

ただし、すべての商店街が黒門市場と同じ道を進めばいい、というわけではありません。もし商店街や市場の側で「稚拙化を食い止めたい」というニーズがあったなら、出店者を厳選して、本来の商業文化、生活文化に合う業者しか入れないといったルールを決めることが必要です。

ドイツでは町の成り立ちにとって大切な市場の雰囲気を壊さないために、市場への出店者を規制している町もあります。第3章でも触れましたが、オランダのアムステルダム市は、目抜き通りに出店した観光客向けのチーズ屋を撤退させました。チーズといえば一見オランダらしく思われますが、ここで売るチーズはオランダ人が日常的に食するものではなく、観光客のために色や形を面白く変えたものでした。日本でいえば「抹茶スイーツ」の類です。抹茶も一見、日本らしく感じられますが、何もかも抹茶で味付けすることはフランケンシュタイン化の一種といえます。

町という大きな単位でも、そのようなフランケンシュタイン化に対抗する出店規制は可能なのです。地域密着の市場であれば、話し合いの余地はさらにあるはずです。

特に錦市場のように、市民が愛着を持ち、「卸売り」という特定の機能を有してきた商店街の場合、そこに店舗を構えていられること自体、一つの特権だったといえます。その特権を長く享受するためにも、商店街全体でルールを考えていくことが重要です。

ユネスコサイド

英語に「cide（サイド）」という接尾辞があります。「herbicide（ハービサイド＝除草剤）」

「genocide（ジェノサイド＝集団殺戮）」など、概ね「殺す」ことを意味していますが、最近のヨーロッパや東南アジアでは、ユネスコの世界遺産登録を受けて、観光業で汚染された場所を「ユネスコサイド」という言い回しで表現するようになっています。

世界遺産に登録されて世界中から観光客が集まるようになった後に、的確なコントロールを怠れば、途端に観光客目当てのゲストハウス、ホテル、店が立ち並ぶようになります。そうなると、昔からある景観や文化的環境が薄れてしまいます。そして、観光スポットだけでなく、住民が大切にしてきた場所まで、ネガティブに発信されてしまいかねません。

そのプロセスは、町に観光客が増えることで、昔からあった店がなくなり、金儲けをあてこんで遠くからやってきた土産物屋だらけになる「稚拙な」商店街と同じです。

中国雲南省の世界遺産の町、麗江（リージャン）では、かつては先住の少数民族、ナシ族が旧市街で昔ながらの生活を営んでいました。しかし観光地としての知名度が上がるにつれ、旧市街に北京や上海の業者が進出し、大量生産された土産物を販売するようになりました。世界中から来る観光客で表面上は賑わってはいますが、もともと旧市街に住んでいたナシ族の人たちは減り、町は本来の姿を失って、空洞化しています。

ユネスコサイドは、世界遺産に登録された後、徐々に始まるのではありません。登録された段階、もしくはその前でも起こります。

ミャンマーにあるバガン遺跡は世界三大仏教遺跡の一つで、11世紀から13世紀に建てられた仏塔や仏教遺跡が3000以上も残る、実に神秘的な場所です。有名なカンボジアの世界遺産であるアンコールワットより、さらに規模が大きく、気球に乗って日の出を見るツアーが観光客から人気を博しています。

ミャンマー政府はかつてバガンの世界遺産登録を進めましたが、軍事政権下ということもあり、遺跡の管理体制が十分でなく、話は進展しませんでした。その後、民主化を機に世界遺産登録への機運が再び高まり、その盛り上がりと並行するように、観光客がワッと押し寄せるようになりました。

夕方になれば絶景スポットとされる高さ数十メートルほどの寺院に人々が大挙して集まり、その混み合うさまは古代寺院の神秘どころではなく、危険そのものです。中には夕暮れをBGM付きで楽しみたいということで、あたりかまわず音楽をかける人も出ているといいます。

ユネスコサイドの流れは4段階を踏んで進みます。

1、世界遺産に登録される、あるいは登録運動が起こる。

2、観光客が押し寄せて遺産をゆっくり味わえなくなる。
3、周辺に店や宿泊施設が乱立して景観がダメになる。
4、登録地の本来の価値が変質する。

といったプロセスを概ねたどることになります。

特に日本では、ユネスコによる世界遺産登録を、地方を甦らせるための「万能の妙薬」のごとく、とかくありがたがる風潮があります。しかし実際は、ユネスコによる世界遺産登録がうわさされただけで、人々が押し寄せ、管理が行き届かなくなる事態が生まれており、さらにはそうした人たちが一気に増えたり減ったりすることで、地域がダメージを被る、という問題まで起きているのです。

来場者が激減した富岡製糸場

観光振興をテーマにしたある集まりで、群馬県から来た人と話す機会がありました。

群馬にある世界遺産といえば、2014年に登録された「富岡製糸場と絹産業遺産群」が有名です。そのときに、観光客が大勢並んでいるニュースを私は見ていましたので、「世界遺産に登録されたらされたで、大変なことですね」と、話しかけたところ、相手の方からは「いや、もう熱は冷めました」という返事が返ってきました。

群馬県富岡市の富岡製糸場。世界遺産登録直後から入場者数の減少が続く。2018年６月22日撮影。読売新聞社提供

事実、『読売新聞』の記事（２０１８年6月25日朝刊）によると、富岡製糸場は世界遺産に登録された14年、年間１３３万７７２０人もの来場者がありましたが、２年後の16年度にはそこから4割減少し、17年にはついに半数以下に落ち込んでしまっています。

人口約5万人の富岡市にとって、富岡製糸場が持つ観光的な価値は財政面でも地域維持の面でも大変に重要です。一方で世界遺産登録を維持するため、その修復・管理にかかる費用はこの先10年で１００億円にも上るとされています。それなのに、その原資となる入場者数が下降線を描いていることで、目算が大きく狂い始めているのです。

自分たちの町、地域の遺産をいかに観光のために整備できるか、総括的に考える必要があります。もしくは世界遺産への登録が、本当の意味で観光振興につながるのか。地元の人たちや関係者たちが、それらの問いを吟味した先に、世界遺産登録の本来の意味は生じます。そこを詰めないまま、「世界遺産登録＝観光客誘致の切り札」と短絡させるだけでは、物見遊山的にやってきて、「失望した」と文句を拡散する人を増やすだけです。

日本人が大切に守ってきた場所ならば、世界のブランドに頼る前に「日本が認めた」「自分たちが大切にしている」という視点を、今一度磨いていくべきでしょう。

観光は文化を強くする

観光による文化へのダメージがあまりにも目立ち過ぎるため、「文化と観光は両立しない」という、極論が最近では聞かれるようになっています。それは「観光が増えれば文化は必ず凋落する」という意見です。しかしここでぜひとも強調しておきたいのは、観光が文化にもたらすプラスの側面も大いにある、ということです。

たとえば日本やアメリカからヨーロッパへ観光に行くと、多くの人がオペラやオーケストラを楽しむことでしょう。

私がウィーン国立歌劇場に行ったときは、自分と同じような観光客で客席の半分ぐらいが埋まっているように見受けられました。ウィーンに限らず、パリのオペラ座、ロンドンのロイヤル・オペラ・ハウス、ミラノのスカラ座と、主だった都市の劇場は、どこも観光客の姿が目立ちます。

バッハやベートーベンの音楽が現代に継承されて、盛んに演奏されるということは、つまり音楽家たちに仕事のできる環境が、存在し続けてきたからに相違ありません。オーケストラやオペラ、バレエなどの大がかりな舞台芸術は、地元の観客だけを相手にしていては到底維持できません。他所からやってきて観劇料を払ってくれる観光客の存在があって、バイオリニスト、ピアニスト、歌手、バレエダンサーらが芸術の担い手として、今日も舞台に立つことができるのです。

また観光やインバウンドには、文化の継続だけでなく、文化を復活させる力もあります。

たとえばタイでは伝統舞踊のイベントに観光客がたくさん来ることによって、その舞台が守られました。また古式ゆかしい人気のタイシルクも、第二次世界大戦時にタイに赴任した軍人で、実業家であるアメリカ人のジム・トンプソンが事業化を行い、観光客に販売したことで世界的に知られるようになりました。

今現在、世界は観光公害という問題を抱えています。ただし京都、バルセロナ、フィレンツェ、ヴェネツィア、ニューヨークといった都市、もしくは町は、過去数十年にわたって観光客が来訪し続ける価値を持ちえたからこそ、旧市街の町並みやそこでの暮らしが残ってきたともいえます。

人口減少が進む日本、とりわけ地方の町や村は、観光という起爆剤を持ち込まないと、やがて経済が回らなくなり、消滅への道をたどってしまいかねません。町の消滅は、同時に文化と歴史の消滅を意味します。

国際化の風を取り入れて

冒頭で記した、文化のゾンビ化やフランケンシュタイン化を防ぐには、観光の本格的な「国際化」も必要です。

中国では、古い町を壊した後に、元の町に似せたまがい物の観光地がたくさん建設されています。その背景には、観光業から外国の専門家や業者をほとんどシャットアウトし、すべて自国のルールとプロパガンダだけで進めている現状があります。このやり方を続ければ、中国の観光産業は徐々に世界の常識から逸脱し、国中に「モンスター観光地」がたくさん生まれてしまうことでしょう。

一方で第1章末で触れたように、歴史として日本は江戸時代末期に「開国」されたものの、本当の意味での開国はなかなか達成されなかった、という事情があります。現在のインバウンド増加でこれまであまり見かけなかった国からも観光客がやってくるようになり、ようやく本当の開国が始まった、というのが現状です。

それによって混乱も生じていますが、同時にまったく新しい形の宿やレストランが生まれていることも事実です。京町家の一棟貸しや、地方で進んでいる古民家再生をはじめ、経営不振となったホテルや旅館の再生で業績を上げてきた「星野リゾート」によるホテルイノベーションなどがそれにあたります。

宿だけではありません。料理の面でも、富裕層のインバウンド客が喜ぶ「フュージョン料理」が人気を博し、それによって懐石料理や他のグルメ料理も新たな刺激を受けています。『ミシュランガイド東京２０１９』（日本ミシュランタイヤ）によれば、東京にある星付きのレストラン・飲食店数は、本家のパリよりも多く、その数は世界一となっています。

茶の湯の分野でも観光客のための「体験プログラム」が流行しています。日本の伝統文化を担う人たちは、外から来た人に対してどう説明すればいいかと悩み、工夫をしなければいけないので、そこでまた文化の活性化が起こります。観光やインバウンドによる国際化は、日本文化に新鮮な「風」を外から吹き入れてくれるのです。

観光がプラスとマイナスのどちらに作用するかは、結局、市民が自分たちの文化をどれだけ理解し、誇りを持っているかにかかってきます。そして、誇りと理解を踏まえた上で、適切なコントロールをかけて文化に向き合えば、文化は観光がもたらす活力を得て、さらに美しく、力のあるものへと発展していくこともできるのです。

第7章　理念

日本には世界に誇れる美しい景観がまだ残っている。観光立国とは、この眺めを次代につなげることだ。石川県輪島市の金蔵集落で。清野由美撮影

「適切」で「創造的」な解決に向かって

清野由美（以下、**清野**）　本書では、現在進行中の「観光過剰」や「観光公害」に着眼し、その問題点と解決のヒントを考えてきました。終章となるこの章では、ここまでに記した論点を押さえつつ、アレックスさんと私のダイアログ（対話）形式で意見を発展させ、観光亡国に陥らないためにどのような「理念」が必要となるか、探っていきたいと思います。

観光投機、Airbnb不動産、混雑・渋滞、不合理なアクセスルート、看板などによる景観汚染……と、挙げてきましたが、原稿を書くそばから新たな問題が次々に生じてきて、時折、無力感を覚えたりもしました。

アレックス・カー（以下、**カー**）　だからといって何もしないでいては、事態は悪化するだけです。本書でもたびたび強調してきましたが、そのような事態を打開するために、各所、各場面での「適切なマネージメントとコントロール」が必要になっているのです。

清野　日本語にすると「適切な管理と制限」ですが、アレックスさんは「管理と制限」ではなく、実は「適切な」というところに力点を置いているのですよね。

カー　「マネージメントとコントロールが重要です」と話すと、役所や観光施設の管理側が「管理と制限」の方に200%ぐらい力を注いで、名所が「○○禁止」の看板だらけになったり、人のいない渓谷にコンクリートの巨大な駐車場ができたり、ということが往々にして起こりがちです。

大切なことは「管理と制限」そのものではなく、文脈に合ったバランスです。そして何よりも、従来の法律や社会習慣を乗り越えた、「創造的」な解決案が必要です。文脈のバランスと創造性を見極めるには、文明論的な思考が必要になります。それは、その国の知的水準の現れといってもいいもので、まさに「理念」が求められるのです。

アレックス・カー

清野　多々ある問題の中で、アレックスさんが最も重視していることは、何になりますか。

カー　各論ではなく、総体的な話として、日本の従来の観光振興策には大きな懸念を持っています。

昨今のインバウンドの劇的な増加は、日本の長い歴史の中で、江戸末期の黒船来航に匹敵する大きな事件だと私はとらえています。外国からやってきた黒船によって、日本は長い間の鎖国から開国へと大きな変化を余儀なくされました。21世紀は、そのような変革が地球規模で起こっている時代です。

国際情勢の変化、政治の変化、テクノロジーの変化、価値観の変化と、日本にも変化の大波が押し寄せているのに、政治や行政をはじめ、企業でも教育機関でも、個人の意識にしても、最新の変化に対応する動きは遅く、時代に追い付いていません。その最たる分野の一つとして、観光があります。

清野　小手先の改変は得意なんですけどね。

カー　たとえば人間でいうと、潜在的に病気の因子を保持していたとしても、それが即、病状として現れるわけではありません。しかし、大きなストレスがかかると、それが引き金になって病が発症します。兆候が現れても、最初はその意味がよく分からないであまり注意を払わない。ちょっと風邪を引いたかもしれないから、市販の薬を飲んでおこう、ということで、一時の症状は抑えられるかもしれません。しかし、そんな対症療法を続けているうちに、本当の病気が進行して深刻な事態に陥ってしまうのです。

清野　日本という国の場合、その「因子」は何なのでしょう?

カー　高度経済成長が終わった後、長年にわたって、やり損ねてきた景観向上への対策や、そのための法整備、システム改変、意識改革だと私は考えています。

「量」から「質」への転換

カー　私は2019年に来日55年目を迎えます。日本の文化の多様性や豊かさ、その深さに感銘を受けて、それらを広く世の中に発信したいと、1980年代からずっと、日本の文化と観光振興に取り組んできました。

根底にある日本への敬意は変わっていませんが、同時に日本というシステムそのものが持つマイナスの側面にも、これまでかなり意識を向けてきました。今は、観光分野にそのマイナスが象徴的に表れていると感じています。

清野　たとえばどんなことでしょうか。

カー　日本の観光業では、前世紀の高度経済成長期の「クオンティティ・ツーリズム（量の観光）」が、いまだに根を張っており、今の時代に通用する「クオリティ・ツーリズム（質の観光）」については浅い理解になっていることです。

清野　「質を重視する観光」ではなく、「量を重視する観光」が、いまだに幅をきかせている、ということですね。でも、現在進行形でずいぶん変わってきていると思うのですが。

カー　いろいろな旅の形が提案され、それらに魅力を感じる人たちが多くなっていることは確かです。しかし強固な意識基盤としてのクオンティティ・ツーリズム、あるいはマス・ツーリズムといってもいいですが、それはまだ深くはびこっています。たとえば奄美大島の大型クルーズ船誘致計画は、その典型的な事例の一つに挙げられます。

清野　奄美大島に持ち上がっている、外国籍の大型クルーズ船の寄港地建設の話ですね。

2018年5月1日の『産経新聞』の記事（『【異聞～要衝・奄美大島（上）】「中国にのみ込まれる」大型クルーズ船寄港計画の裏に…』）によれば、国土交通省が2017年8月に発表した「島嶼（とうしょ）部における大型クルーズ船の寄港地開発に関する調査結果」を発端に、7000人の中国人観光客を乗せる大型クルーズ船の寄港計画が奄美大島で表面化しました。候補地の一つである瀬戸内町は、16年に寄港地建設の打診を受けたときにいったん断っていましたが、今回は誘致に向けて動き出しているそうです。

カー　観光地としての基盤が何もない町に、一気に7000人の観光客が上陸することになったら、いったいどうなるのか。住民の不安は当然のことです。

清野　候補地には、それに対応できるような道路はない、駐車場はない、公共のトイレはない、という何もない状態ですから、受け入れの際には、ここぞとばかりに、お決まりの大がかりな公共工事が発生するでしょう。

カー　それらの原資はもちろん税金です。

清野　その先の光景も予測できますね。クルーズ船の客をあてこんで、大規模なショッピングモールができる。そこには、ファッションブランドのアウトレット、宝石や化粧品のディスカウント店、ファストフードが並ぶフードコートが入る。世界各国でお目にかかる「あの眺め」です。

長崎市を訪れたクルーズ客。2018年10月ごろ撮影。読売新聞社提供

カー　それでも欧米の観光先進地では、第1章で述べたDMO（観光地域作りにおいて、戦略策定やマーケティング、マネージメントを一体的に行う組織体）による観光振興が、その地域の特性を生かした開発の中心に

なっています。しかし、奄美大島で進められようとしている大型クルーズ観光船のビジネスモデルから、その理念は見えてきません。

そもそも大人数を1か所に集め、買い物をさせて利益を上げることが主眼で、観光は買い物のプラス・アルファぐらいのもの。しかも人々が買い物で消費したお金は、ショッピングセンターの運営業者を経由して、別の土地や国に流れていきます。

清野 近ごろ、タイやバリ島で大問題となっている「ゼロドルツアー（zero-dollar tourism）」のような構図ですね。

カー まさしくそうです。ゼロドルツアーは、この数年、特にタイを中心とした東南アジアに蔓延（まんえん）している悪質な観光スキームです。このゼロドルツアーこそは、もう一つの大きな「観光亡国」的な話題ですね。

「ゼロドルツアー」がもたらすもの

清野 ゼロドルツアーの仕組みを簡単に説明しますと、たとえば中国の旅行業者が、タダもしくはタダに近い激安料金のツアーを組んで、お客を大量にタイやバリ島に送り込みます。

現地では、ほぼ強制的に宝石店などでの買い物が組み込まれ、お客はそこで町の相場とはかけ離れた、高い買い物をさせられます。

宿泊は中国資本のホテルで、ガイドは中国人、バスも中国の業者と提携している会社、店の経営者も、もちろん中国人。それら事業者の売り上げは、ほとんど現地に落ちることなく、中国に流れるようになっています。とりわけ最近は、買い物には「WeChat Pay（ウィチャットペイ）」「Alipay（アリペイ）」という中国の携帯電話経由の決済システムを使いますから、お金は直接中国に入って、現地の税金逃れにもなるし、マネーロンダリングにもつながっていきます。

カー　16年にタイ政府が調査したところ、このようなゼロドルツアーが毎年約20億ドル（2200億円）の損失をタイ経済に与えているという結果が出ています。16年から18年にかけて、タイとベトナムは対策を打ち出して、観光業界、ホテル業界、税務署などの取り締まりを強化していますが、なかなか効果は表れていません。

清野　観光の悪用ですね。

カー　この話はまさに、奄美大島の大型クルーズ船問題の根っこにあるものです。これまでに奄美に伝わっていた話では、アメリカの大手クルーズ会社がその筆頭となっていますが、外国籍のクルーズ船で中国人観光客を大量に島に連れてきて、乗客用に作ったショッピングセンターで買い物をさせる。施設事業者がアメリカや中国系をはじめ、外資系企業なら、利益は日本にではなく、よその国に流れます。乗客はクルーズ船内に泊まり、現地に泊まるわけではありません。そのため迎え入れる寄港地が、観光関連の収入で潤う機会は少ない。むしろ、税金を使って諸設備を整備した分、赤字になる恐れもあります。

清野　まさにゼロドルツアーと酷似しています。ただ、奄美大島で寄港地建設に賛成している人は、大勢の観光客で土地が賑わうから観光振興になる、という目算

清野由美

を持っていると思いますが。

カー　大型クルーズ船は、宿泊も食事もエンタテインメントもショッピングも、何もかもその船の中で完結します。もし寄港地に上陸する観光ツアーを組んだとしても、その料金は、

基本的に運営企業に行く仕組みになっている。

アメリカ人ジャーナリストのエリザベス・ベッカーが著した『Overbooked : The Exploding Business of Travel and Tourism』(Simon & Schuster) という本に、大手クルーズ会社のビジネスの仕組みが詳しく描写されています。

著者はこの本で、クルーズ船観光のメッカであるベリーズ（西カリブ海）の観光局が行った調査をもとに、クルーズ船の乗客一人が使うお金と、一般の旅行者が使うお金の内訳を調べています。紙の上での計算では、クルーズ船の乗客が1日に消費する金額は100ドル。一方で、一般の旅行者は96ドル。しかしクルーズ船乗客の場合は、100ドルのうちの56%がクルーズ船に還流します。つまり、寄港地には44ドルしか落ちていません。

対して、一般の旅行者の場合は、現地に数日間滞在するので、宿泊代などを入れると、最終的に653ドルを現地で使います。一度に大量の乗客を送り込んでくる大型クルーズ船が、寄港地にとって、すばらしい消費喚起になるかといえば、実態はそうでもないのです。

清野　その実態は、ヴェネツィアでも問題視されましたね。

カー　ヴェネツィアでも一時、大型クルーズ船の寄港による観光過剰が起こりました。そこで、ヴェネツィア市が計算したところ、水、光熱インフラをはじめ、市がクルーズ船に与える公共的サービスのコストの方が、寄港から得られるお金より上回っていることが分かりました。同市では14年から大型クルーズ船の就航を厳しく規制しています。

清野　ヴェネツィアだけではありません。第3章の「オーバーキャパシティ」にも書いたように、アムステルダムでも大型クルーズ船の寄港地を、旧市街から郊外に移して、市街地への悪影響を抑えるようにしています。古い町や小さな町に、一度に数千人の観光客が降りたつことは、経済が活性化するどころではなく、脅威なんですね。

カー　ヴェネツィア市では、19年7月から市に上陸するすべての人に「訪問税」を課すことを決定しています。それまでクルーズ船は宿泊税をまぬかれてきましたが、今後は世界で「訪問税」「入島税」のような形が広がっていくでしょう。

清野　日本では寄港地の候補になると、足元で典型的な公共工事が発生するので、その点で推進したいと考える人が必ず出てきます。

また奄美大島の場合、背後に日本の対中国安全保障上の綱引きがあるのかもしれません。日本は観光誘致を名目に、自衛隊の拠点を奄美大島に建設したい。一方、中国側には、観光クルーズをきっかけに、軍事海域の要衝となる奄美大島を実質支配したいという思惑がある。それなのに日本政府がいきなり「奄美に軍事施設を作る」といい出せば国民的、あるいは国際的な反発が必至です。そこで観光誘致を謳った大型港湾の建設計画を進める、というのです。

カー　その件に関しては、観光とは完全に別の議題として、軍事なら軍事のスジで話すべきです。観光が現地にもたらすメリット・デメリットと、軍事施設のそれにかかわる議論は、論点がまったく変わります。

清野　では観光の面で、議論の礎（いしずえ）となる方策はありますか。

カー　あります。それは「ゾーニング」です。これも私がずっと提言し続けていることなのですが、日本は「ゾーニング」の概念を、国土政策にもっと取り入れるべきだと思っています。

「分別」のあるゾーニング

清野　日本で「ゾーニング」というと、都市計画法で定める住居専用地域とか、商業地域、工業地域といった「用途指定」のこと、という理解が一般的ですが。

カー　それはごく狭義のもので、住居専用といっても、建蔽（けんぺい）率とか容積率とか、数値的な規制でとどまっていますよね。そうではなく、私のいう「ゾーニング」とは、国家によるグランドデザインのことで、文化の価値を見据えながら、どこに何を作るか、作らせないか、作る場合は様式、素材、設計をどのように定めるか——を決めていくこと。つまり大きな「分別」のことです。

清野　「分別」という視点は日本の都市計画法にはないですね。

カー　私は大型クルーズ船の受け入れを否定しているのではありません。むしろ、数千人規模の大型客船は、奄美大島のような離島にではなく、受け入れのキャパシティがあり、観光インフラや資源のあるところで、どんどん進めればいいと思います。すでに福岡は成功したといえますが、神戸、高松、新潟、別府、鹿児島……日本には、いくらでも適地があります。そのような場所でなら、観光客の数が多いことをプラスの方向に持っていくことができます。

しかし、奄美の環境はまったく違います。世界が注目する美しい自然の眺めは負荷に脆く、大規模な工事が入ったらあっという間にダメになる。

では、寄港地建設に環境保全をしのぐ経済メリットがあるのかというと、アメリカのクルーズ大手会社と中国人企業家にとってはいいかもしれませんが、地元には期待するほどの恩恵はおそらくありません。

一時、公共工事でお金が行き来するだけで、その工事が終わった後は、地域にはメンテナンスという大きな負担がのしかかります。環境ダメージと、地元が背負うコスト負荷のバランスを考え、それに見合うメリットがあるのか。もう一度冷静に考えた方がいい。

清野　「公共工事バンザイ」という構図は、日本のいたるところで見られるもので、とても根深い問題です。

カー　風光明媚な瀬戸内海に浮かぶ小さな島を産業廃棄物の捨て場所にしたり、津波が来るような場所に原子力発電所を作ったり。東日本大震災で教訓を得たかと思えば、その結果が「津波をブロックする」という名目で海岸線に巨大なコンクリートの防潮堤を建設することなのですから、何といっていいか……。

常緑広葉樹林の緑が眼下に広がる奄美大島の湯湾岳周辺。鹿児島県宇検村の湯湾岳展望台で。2018年９月13日撮影。読売新聞社提供

奄美大島を日本の「サクリファイスゾーン」にしていいのか

清野　アレックスさんのいう「分別のあるゾーニング」を、なぜ日本はできなかったのでしょうか。

カー　前世紀の経済成長があまりに急だったからです。分別あるゾーニングをしなくても、経済面で一定の成功を収められたので、そのベールの裏側に問題が隠れてしまいました。

清野　今は経済が停滞し、社会が成熟化しているわけですから、新たな秩序を取り入れる格好のチャンスともいえます。

カー　先述した『Overbooked』には、「サクリファイスゾーン（犠牲の地）」という言葉が出てきます。たとえばクルーズ船の運行会社は、寄港地で乗客が行く場所を設けて、そこに大人数を集中させせます。そのゾーンでは、海岸が汚染され、サンゴ礁は傷つけられるけれど、観光収入のためには仕方ない、とされます。

清野　ほかの場所を観光客に荒らされないために、犠牲を差し出すというわけですか。

カー　この場合、日本の観光産業のために、奄美という聖域をサクリファイスゾーンとして差し出していいのか、ということです。

清野　奄美大島も人口が減っていて、空き家が増加しています。そのような地域の課題を、観光促進で解決したいという方向性は間違ってはいないと思うのですが。

カー　だとしたら、一度に何千人もが上陸する大型クルーズ船ではなく、ヨットが係留できるヨットハーバーを計画したらどうでしょう。

ヨットに乗る人たちの旅のスタイルは、その場所に数時間だけいて、すぐ次の場所に移動していく、というものではありません。多くは一か所に数日から数週間ほど暮らしながら、地元で食べ物や生活用品を買う、という長期滞在型です。

ヨットの寄港地ともなれば、まずヨットハーバーの建設需要が発生します。建設関係をはじめとして、船の修理など、そこでの雇用も生まれます。大型客船用の港湾施設よりも、比較的小規模のヨットハーバーの方が、地域に与えるダメージが少なく、かつ、大型客船と同じメリットを生む可能性があるのです。

清野　日本の場合、ゾーニングは「分別」ではなくて、「規制さえ守ればあとは何をやってもいい」という一種のアリバイ基準になっています。だから古くからの町並みが残る界隈に、建蔽率と容積率をきちんと守った、真新しく、ピカピカなビジネスホテルが突然現れる。それで町並み全体が一気に安っぽく変わって、価値を下げてしまいがちです。

カー　確かに嵯峨嵐山の風致地区のように、京都でもある程度のゾーニングができているところはありますが、旧市街全体に対してのビジョンは乏しいようです。

要はその土地の歴史や特性を守るためのメリハリがあるかどうか、なんですね。私個人の意見をいえば、京都駅の南側では超高層建築を解禁して、もっと経済の活性化を図ってもいいと思っているぐらいです。

一方、歴史的な文化遺産が数多く残る北側はさらに規制を強化して、連続した古い町並みを守る。その判断の使い分けこそが「分別」です。

清野　分別を発揮するのに、何が必要になるのでしょう。

カー　知性であり、意識です。奄美大島でいうと、ここは少し前まではゾーニング云々を議論する必要はない土地でした。自然に囲まれた島で、人々が環境に寄り添いながら生計を立てていたわけです。

しかし21世紀に入って、大型クルーズ船という、大きなストレスが奄美大島までやってくることになった。そのストレスが持つ恐ろしいパワーはすでに他国の事例で分かっています。「ゾーニング」や「分別」という治療で対抗しないと、島はあっという間に崩れてしまう。

奄美大島だけではありません。日本の各地へ病を発症させてしまうストレスが、今まさに襲来してきているのです。

「大型観光」のメリットは小さい

清野　クオリティ・ツーリズムへの転換を進めようと提唱しても、「数の魅力」は関係者をとらえて離さないようです。

カー　役人や企業の担当者が好む観光分析は、相変わらず「数」に重点が置かれたものです。この町に観光客が5万人来ました、目標の10万人を達成しました、来年は100万人を目標にします、などと、数を成功の指標としてしまう。イージーな単純計算ですね。

清野　観光が成功するためには、地域の活性化、雇用の改善、ダメージと収入のバランス、そこに住む人と訪れる人の喜びなど、もっといろいろな要素がある。それなのに数だけを指標にしたら、それは観光過剰を呼びますね。

カー　観光誘致における、二つのモデルを比較してみましょう。一つは大型バスやクルーズ船を立ち寄らせて、大勢の観光客を誘致する「大型観光」。もう一つは、個人の観光客にバラバラに来てもらう「小型観光」。

清野　単純計算の考え方をとれば、大勢の観光客が来てくれた方がお金を使ってもらう機会も増えるはずだし望ましい、となりそうですが……。

カー　意外とそうではないのです。大型バスやクルーズ船は、短時間の滞在で次から次へと名所を回るモデルです。たとえば岐阜県の世界遺産、白川郷をバスで訪れる観光客の平均滞在時間は40分ほどと聞いたことがあります。

バスを降りた人が何をするかといえば、トイレを使って、駐車場の自販機で130円ほどの飲み物を買って、ゴミを捨て、インスタグラムにアップするための景色の写真を撮って……とそのぐらい。

つまり100円単位の客単価を得るために、町は大型駐車場を整備し、水回りなども用意しなければならない。これではヴェネツィアと同じく、行政としての収支はマイナスの可能性があります。

それだけではありません。地元住民にとって町中にあふれている観光客は、その土地に根づく暮らしを乱しかねない、わずらわしい存在となります。このやり方では、観光客が来たとしても、利益は駐車場の持ち主以外には還元されないのですから。

清野　以前、白川郷を経由地として岐阜から富山までを縦断するローカルバスに乗ったことがありました。ローカルバスですので当然、地元の方が多く乗っていたのですが、観光客らしい乗客が大声で話していたら、とても険しい顔をして注意されていました。

バスが並び大勢の外国人観光客でにぎわう白川郷。岐阜県白川村で。2016年４月20日撮影。読売新聞社提供

カー　観光客は匿名性が高い。それがゆえに、観光地では自分たちの行動に無自覚になりやすい。大声で話をしたり、施設を汚したりと、地元の人たちの気持ちを逆撫（さかな）でする行動も出てきてしまいます。またマナーがそれほど悪くなくても、大勢の人たちが狭い道や路地を占領していれば、地元の人の生活動線は乱されてしまう。このように、単純計算の考え方には表面化しにくいマイナスも存在しているのです。

清野　『白川村の観光統計』によれば、白川村の年間観光客数は２０１７年の時点で約１７６万人。これは実に地元人口の約１０００倍にもなります。しかし観光客数の推移を見ると、１９８９年から２０１７年までは、日帰り客が右肩上がりで増えているにもかかわらず、宿泊客は横ばいか、むしろ減っている。

つまり、ここからは「通りすがり観光」が基本的な旅行者の行動モデルになっていることが推測できます。なお１９６０年に９４３６人だった白川村の人口は、２０１６年には１６６８人にまで減っていますので、観光が地域の過疎化の救世主、というわけでもなさそうです。

「小型観光」の大きなメリット

カー　ではもう一つの個人旅行者を誘致する「小型観光」モデルを考えてみましょう。

徳島県の一棟貸しの宿泊施設群「桃源郷祖谷の山里」と「篪庵（ちいおり）」の９軒で、１年に約３０００人が宿泊しています。１日にすると約10人ですので、地元の生活などへの悪影響はほとんどありません。ここに来る人たちは、宿泊を伴いつつ、それ以外にもお金を使ってくれます。宿泊や食事代などの金額を推計すると、一人あたり１日で約１万５０００円弱です。

一方で、大型バスでのスポット観光はどうか。一般的に計算すると、40分ほど滞在する場しまう。

合、自販機の飲み物代と土産物代、それに駐車場代を加えて、一人700円ほどと推計できます。この計算では同じ売り上げを達成するためには、6万人以上の旅行者が必要となってしまう。

清野　同規模の経済的インパクトを得るために、一方では必要とする人数が3000人、もう一方では6万人。その対比差は強烈です。

カー　あくまでもモデル推計ですが、その差は実に20倍以上となります。ということは、祖谷に来るお客さんの一人が、大型バス1台分に匹敵する。この対比差はそのまま地域へのダメージにも換算できます。すなわち祖谷ではダメージが20分の1ですんでいるともいえます。

年間3000人ほどの観光客数なら、道路を広げたり、駐車場を作ったりといった、大がかりな工事をしなくてすみますので、まず景観へのダメージが少なくなる。加えて、旅行者が土地に寄せる思いにも、違いが出てきます。

「ツアー会社がバスで連れていってくれれば行く」というモチベーションの旅行者は、交通の便が悪い祖谷にまでは来ません。祖谷には、この土地と景観への興味をベースに「そこをどうしても訪れたい」と思う人だけが来てくれるのです。

清野　これは第3章の富士山の話題で論じた、観光客の数をコントロールすることで、同じ経済インパクトを維持しながら土地へのダメージを軽減する、という考え方ですね。

カー 紙の上では「年間6万人の観光客」といった表記があれば栄えたように見えるかもしれません。しかしその土地にとっての実質的な利益は、祖谷の3000人の方が上となる。これが「クオリティ・ツーリズム」です。

清野 クオリティ・ツーリズムのキーワードの一つとして「長時間の滞在」ということが挙げられそうです。

カー 数十分だけ滞在して次に行く、というのではなく、1泊でも2泊でもそれ以上でも、長時間もしくは長期に滞在してもらえば、その土地への理解も深まりますし、同時に還元される消費も大きくなります。

第2章で言及したイタリアの「アルベルゴ・ディフーゾ」が一つの例ですが、欧米の観光には、「観光コミュニティ」という概念が息づいています。

「観光コミュニティ」とは、訪れた国の自然や環境、文化に触れ、地元の人々の精神的な部分までを理解することこそが観光だ、とする精神のことです。

もちろん国を町、村、地域に置き換えても同じ。そのような「観光コミュニティ」の精神があることで、地方の小さな村の暮らしが成り立っていく。それを可能にする行動こそが、本来の「観光」なのです。

残念ながら大型観光に「観光コミュニティ」の精神はありません。数十分だけ滞在して、写真を撮って帰る。そこには土地に対する愛情もなければ理解もない。受け入れる地域にしたって、そこから外部に発信できることは乏しいものです。

健全な観光を導く

清野　数の観光、つまりマス・ツーリズムには、下手をすれば地域を活性化させるどころか、不活性化させてしまうリスクがあるのですね。

カー　第2章の「Airbnb不動産」の話題でも触れましたが、大勢の観光客がやってくるようになると、それをあてこんで、外部から土産物店などが進出してきます。小さなパン屋さんや八百屋さんをコツコツとやるより、外からの資本に店を貸して、土産物店をやってもらった方が実入りはいい。あるいは、町の様子が変わってしまったので、店を売って町を出ていく。結果として地域が変質してしまう。たとえばヴェネツィアでは、観光消費が増えたのに人口は50年前と比べて、約3分の1まで減っています。

清野　今京都で起きている空洞化も同じですね。京都市では土地の価格が急騰したことで、2017年のマンションの着工数は、前年と比べて40％も減少しています。たとえ建ったとしても価格が高騰しているため、一般の勤め人、とりわけ子育て中の若い世代などは手が出しにくくなってしまった。中心部では、人口減少と高齢化が社会課題になっているのに、です。これは大きな矛盾ではないでしょうか。

カー　アンコールワットのお膝元にあるシェムリアップは、カンボジアでもナンバーワンの観光収入を誇っている都市とされますが、実は先述した『Overbooked』によれば、貧困率でも国内ナンバーワンとなっています。

なぜかというと、シェムリアップにある主だったホテルや観光関連企業は、中国人やタイ人が経営しているからです。だから観光客が使うお金が、地元にではなく、中国やタイにそのまま流れているのです。

清野　これも「ゼロドルツアー」と同じ構図ですね。

カー　日本が観光振興を図るのであれば、そのような構図の出現に気をつけないといけません。地域に応じた条例を制定したり、観光システムの改革を行ったりと、打つ手を工夫していかなければ。観光が大型になればなるほど、ゼロドルツアー的なものの呼び水になりがちですので、その点も心配です。

清野　「クオンティティ」から「クオリティ」に観光を持っていかないといけない。それには、観光の持続可能性を見据えた「長期滞在」「分散型」「小規模」がキーワードになるということまでは分かりました。ただ、クオリティを追求すると、富裕層だけが観光を享受できる、という事態にならないでしょうか。

カー　それは違います。クオリティ・ツーリズムの一面として、確かに高級・高額路線があります。しかし、あくまで「質の高いツーリズム」ということであって、必ずしも富裕層しか楽しめない、という意味ではありません。クオリティ・ツーリズムの担い手は、自然や文化を愛して、旅先を大事に思う人。そこには学生やバックパッカー、一般のファミリー、学校の先生なども含まれます。

清野　お金があるというより、知的な好奇心のある層がターゲットということですね。

カー　特に日本の地方から見て期待できる旅行者とは、単にリッチな人というより、ものごとを面白がって、自ら地域へ飛び込んできてくれる人です。そういう人を幅広く迎えるためには、高級なホテルだけでなく、民宿、ホームステイ、ゲストハウスなどを用意することも大切です。

健全な観光の姿とは、その土地に幅広い選択肢があるということ。ホテルやレストランなども、富裕層でなければ行けないところと、バックパッカーでも行けるところの両方が揃ってこそ、旅は豊かになります。

清野　宿でいえば、高級ホテルがメインカルチャーなら、ゲストハウスや民宿はサブカルチャー。アレックスさんのプロデュースする一棟貸しの宿などは、既存の旅の形に刺激を与えるカウンターカルチャーですね。そのように、旅に多様なカルチャーがあることは、観光振興にとって大事ですね。

カー　そのためには、メインカルチャーがしっかりと確立されていないといけません。ところが、日本の観光ビジネスではメインが世界水準に達していません。ゆえにサブもカウンターもまだ弱く、目につくのはビジネスホテル。これではノーカルチャーです。

〝汚い景観＝日本〟にしてはいけない

清野　京都や横浜にはビジネスホテルの料金で、内装も食事も工夫を凝らした面白いホテルが登場しました。東京圏でもユニークなゲストハウスが増えています。本棚の奥に寝床があるような、面白いホステルもある。ここにきて、大きく変わり始めていると思います。

カー　それらの新しい動きこそ、希望です。しかし京都を見る限り、殺風景なビジネスホテルがまだ主流となっています。

清野　私くらいの世代以降では「行きたいところに行き、したいことを楽しむ」よう、観光行動が主体的に変わってきたのではないでしょうか。さらに若い世代では、よりスマートに観光を楽しんでいる印象もあります。

カー　一部で変わってきていますね。問題なのは、観光の産業形態として旧態依然のＤＮＡが残っていること。市民意識と行政の組み立ては、あくまで古いＤＮＡがまだ基本になっています。

清野　確かに、観光に対する意識は重層構造になっているかもしれません。旅のスタイルが多様に進化している一方で、いまだに「まちおこし」といえば、「ゆるキャラ」や「顔出し看板」が真っ先に出てくる状況があります。

カー　商店街や繁華街、特産品の生産者らが、ちょっと可愛くアピールしよう、という場面などではいいと思います。ただし由緒あるお寺や神社の境内となれば別です。

観光は、まさしくその国の対外イメージに直結する存在です。外国から日本にやってきた観光客は、自分が体験したこと、見たことを心の底に置いて、自国の人たちに伝えます。それがまた自然に、ほかの人に伝わっていき、世界からの見方を左右する重要な機会になっていきます。

茶席で作法に則ってお茶をいただいたとか、農村に泊まり、その地域特有の芸能に触れたとか、いいものを体験した人たちは「日本は奥行きが深く、すばらしい文化を持っている」ということを、自国に帰って伝えます。

清野 そのようなチャンスがあるのに、どこでも「ゆるキャラ」でいいわけがありません。

カー リドリー・スコット監督の映画、『ブレードランナー』はご存じですか。

清野 大好きな映画です。

カー 私も大好きなサイバーパンクの名作ですね。ただし、この映画は「酸性雨が降る都市に安酒の屋台が並んでいる」といった、近未来のディストピアを日本の町から写し取ったことで、「ファンキーでパンクな日本」というイメージを世界に広げました。

サイバーパンクと聞くと、一見格好いいですし、面白い印象がありそうです。しかしその実態は「美しい」といった評価とはかけ離れたものであり、あくまで二流や三流、あるいはB級という評価の別称に過ぎません。だから、『ブレードランナー』のファンたちは、「日本とは景観が汚らしい国で、その汚らしさがクール」といった面白がり方をしがちです。そして、その「クール」で汚らしい光景を見たいから、日本に行きたい、と。

清野　つまり「B級観光」ということでしょうか。

カー　BよりC、もしくはD級といった方がいいかもしれません。観光地には高級とか上品なものばかりでなく、時と場所に応じて雑然と、わいわいがやがやしているものがあるべきで、それだって楽しい。ただし「B級しかない」という状況は問題です。B級は、A級があってこそ初めて面白くなる存在ですから。

『ブレードランナー　ファイナル・カット』（DVD／ワーナー・ブラザース・ホームエンターテイメント）

清野　その通りですね。オーバーツーリズムの時代は、ネガティブなイメージや風評も、かつての100倍、1000倍の規模で広がってしまいます。

カー　たとえば「食文化の潮流を変えた」と評される伝説のレストラン『エル・ブジ』は、スペインの片田舎、コスタ・ブラバで誕生しました。バルセロナから車で2

時間という距離にあっても、『エル・ブジ』には世界中のグルメファンがこぞって足を延ばしました。スペインだけでなく、この10年ほどは北欧でも新しい食文化が生まれています。デンマークの「KOKS」は、アイスランドに近いフェロー諸島という僻地にありながら、やはり世界中から人を集めています。戦略性と高い志があれば、マドリッドやバルセロナ、あるいはコペンハーゲンのような都市だけでなく地方、または際立った僻地からでも世界レベルの発信ができることを証明しています。

そのような事例を学ばず、ゆるキャラやサイバーパンク的な眺めをいつまでも前面に押し出していると、B級の観光客ばかりを呼ぶことになり、A級の観光客はよそへ行ってしまいます。

「景観をマネージメントする」という意識を

清野 アレックスさんが考える、日本のA級とは何ですか。

カー 日本、とりわけ過疎化が進む日本の田舎には、信じられないほど美しかったり、心をわしづかみにされたりする眺めがあります。

清野さんとは、そのような「かくれ里」を一緒に回る仕事もご一緒していますが、たとえば豪雪地帯として知られる秋田県羽後町(うごまち)には、すばらしい景色が残っていました。

重厚な茅葺きが美しい、秋田県羽後町の国指定重要文化財「鈴木家住宅」。2009年11月6日撮影。読売新聞社提供

清野　「過疎」の一言で片づけられてしまいそうな小さな町ですが、ここには古くから伝わる茅葺き民家が数十棟も残っています。知名度がないゆえ、観光汚染にもいまだ無縁で、峠から眺めた繊細な田園風景は、海外の数々の名所に匹敵するものでした。

カー　今残っている茅葺き民家を整備し直せば、羽後町は世界に通用するA級観光地になる可能性があります。そして、そのような手つかずで埋もれた土地や文化が日本にはたくさんある。

それなのに、わざわざファンキーで、汚らしい景観を観光の売り物にしてしまえば、日本にはB級しかない、という評判が世界に広まり、今度はA級のものまでB級を眺める目で見られてしまいます。

繰り返していいますが、「A級」は、そのまま「富裕層向き」「贅沢」に結びついているのではありません。富裕層向きや贅沢も場合によっては含まれるかもしれませんが、「A級」は金銭的価値と関係なく、あくまで「クオリティ」を重視するものです。ですから「A級」を厳密にいえば「ハイクオリティ」ということかもしれません。

清野 『ブレードランナー』は好きですが、アレックスさんの意見に同意します。

カー 群馬県太田市には高圧鉄塔が密集している場所があります。その混沌ぶりが話題となり、今では鉄塔が居並ぶ光景を遠方から撮影に行く人たちまでいるそうです。これも一種のB級観光ですが、この種の視覚汚染は、ここに限った話ではなく、日本全国に広がっています。

ゴミゴミした町並みや、鉄塔、携帯基地局が乱立するような田舎の風景などは、景観の混乱であり、混沌です。それを、「これが日本だ」と面白おかしく世界に発信してしまうのでは寂し過ぎます。

清野 日本の景観を直視することは、日本人にとっても苦しいことです。私が風景を見るときは、自分の視覚から自然と電線や鉄塔を消してしまっています。

カー 一方、イギリスの『The Guardian』で対照的な話題を見つけました。2015年の記事によると、イギリスの電力会社「ナショナル・グリッド」は、「スノードニア国立公園」など4つの景観名所の高圧鉄塔を撤去するために、500万ポンド（約7億円）の予算を付けたということです。

イギリスでは景観に関する視覚的なインパクトについて、官民が定期的に調査や検証を行い、高圧鉄塔が景観を阻害している、ということであれば、撤去に必要な手立てを考えて、予算を配分します。つまり、景観をちゃんとマネージメントしようとする意志が、国の総意としてあるわけです。

清野　リターンを見込んだ上で、予算を付けているのでしょうか。

カー　その反応は、ある意味で典型的なものです。つまり、清野さんは景観への「投資効率」に関心を持たれた、ということですが、問題はそこではありません。「国立公園にふさわしい景観とは何か」という、きわめてベーシックな話なのです。必要なのは、短期的な目線の「投資効率」といったものではなく、国民にとって、また海外から訪れて来る観光客にとって、「何が本当に大切か」という文化への本来的な「投資」です。ちなみにイギリスでは、高圧鉄塔の撤去もゼネコンにとって喜ばしい公共工事になっていますよ。

旅行会社依存からの脱却

カー　もう一つ大事なことをいいます。これからの時代に、地方の町や社寺が観光振興を考えるなら、みずから情報収集を行って、大手旅行会社への依存から抜け出さなければなりません。

たとえばオーバーキャパシティで苦労している町が、入場料の値上げでその緩和を図ろうとすれば、バスで観光客を連れて来る旅行代理店が「入場料を値上げするなら、もう立ち寄らない」と、町の関係者を脅します。そして、旅行業者にそういわれれば、そのまま折れてしまいがちです。

しかし旅行会社は観光過剰が生む「公害」に対して責任を取りません。行政や住民、社寺などの当事者がはっきりしたポリシーを持ち、企業のいいなりにならないことはマネージメントの大前提となります。

清野　今はＬＣＣ（格安航空会社）やAirbnbなど、新興のサービスが急激に広がっていますし、大手旅行会社も危機感を持っていると聞いています。

カー　とりわけ団体旅行モデルは、古いパラダイムに従っているものですから、大手が危機感を持ってくれることは、いいことだと思います。言葉を替えれば、既存のモデルは、旅行会社が楽に稼げる商売。だからこそ、そこにあぐらをかき、クオリティ・ツーリズムへの転換を控えてきました。

しかし最近は、清野さんのいう通り、進展が見られています。ＪＴＢをはじめとする大手旅行会社も潮流の変化に気づき、より中身の濃いツアーを組もうとしている印象があります。特にインバウンドの富裕層向きのものでは、バスツアーなどでもいろいろと新しい試みが見られています。バスで回る団体旅行という形自体は、別に悪いわけではありません。問題はあくまでその中身です。

清野　旅行会社だけでなく、メディアの報道にも課題があると私は考えています。

たとえば京都の東福寺は、紅葉の季節になると、開門後10分足らずで通天橋に人があふれる状態になっているそうです。すでに限界を超えているのに、紅葉の時期になるとテレビや新聞、ネットニュースなどは決まって、「東福寺が紅葉の季節を迎えました」と報道してしまう。それも報道特権を使って撮った、混雑していないときの美しい景色を添えて……。

テレビやスマホを通じて見た人は、報道で流れた景色を求めて行ってしまいますよね。そして到着して早々、人だらけの光景にショックを受け、「こんなはずではなかった」と疲労困憊して帰ってくるのです。

カー オーバーキャパシティならぬ「オーバー報道」ですね。報道過剰も間違いなく今の観光シーンにダメージを与えています。

清野 すでにオーバーキャパシティで困っているような場所を二重三重に宣伝、クローズアップする必要はありません。逆に報道するのなら、人が行かないところを探して、観光混雑の偏重を少しでも正していくことが大切なのではないでしょうか。

カー ですから、報道にも「分別」が大事ですね。

イノベーションとマナー

清野 これまでに述べてきたことを復習します。

観光立国に大切なのは、質を追求する「クオリティ・ツーリズム」への転換、「分別」のあるゾーニング、そして「適切なマネージメント（管理）とコントロール（制限）」を目指す、という3つの考え方です。

基本となる理念はＤＭＯと同じで、観光がその地域に利すること。観光が文化をダメにしないこと。そのためのマネージメントとコントロールを創造的に考えて運用しないといけない、ということになります。

カー　クオリティ・ツーリズムを実現するためには、古い常識をアップデートしていかないといけませんね。

たとえば行政にありがちな「平等主義」は、これまで観光の一つのベースになっていました。しかし観光過剰になった時点で、「みんなが平等に」というやり方は不可能となります。名所に人が一気に押し寄せたら、その場所はダメージを受けるし、行った人も楽しめない。

その場合の「みんなが平等に」とは、残念ながら「みんなが一緒にダメになる」と同じ意味です。どこかで制限をつけることが、必要です。

清野　観光名所まで行ける人、行けない人、見られる人、見られない人。そうした区別を、いかにフェアに組み立てていくか、ということが課題となりますね。

カー　観光公害は、日本にとって、それまで誰も予想していなかった、まったく新しい問題です。新しい問題なのですから、今まで考えられなかった新しい解決案が必要です。

観光客を分散誘導するマネージメントの方法として、入場料もあれば、予約制や抽選、交通規制もあれば、ゾーニングもある。それだけではなく、ドローンや自動運転車なども、マネージメントの「先端技術」に含まれます。いい方を換えれば、そのような新しい観光テクノロジーを、日本は世界に先駆けて生み出すチャンスを手にしているのです。

清野　本書では、祇園に「花見小路レーン」を設けましょう、観光名所に「マナーゲート」を設けましょう、大型バスや公共の乗り物の中での「マナー講座」を義務化しましょう、といったアイデアを出しました。

常識外の発想として、読者の方には本気にされなかったかもしれません。しかしこれらを実行すれば世界でも話題となるはず。チャレンジしてもいいのではないでしょうか。

カー　いずれも突飛なものですが、そもそもイノベーティブなアイデアというものは、常識の外から出てくるものです。そこにもう一つ、私が付け加えたかったのが、お寺や美術館でおなじみの「撮影禁止」に関するものです。

清野　アレックスさんは日本でよくある「撮影禁止」に、かなりこだわっていました。

カー　もしかしたら、来訪者が写真を勝手に撮ってしまったら、絵葉書やカタログの商売ができなくなってしまうという心配が関係者にはあるのかもしれません。しかし、ウフィツィ美術館、上海博物館などでは、入館者が自由に写真を撮っていても、ショップは賑わっていて、そこで写真集を買う人もたくさんいます。美術館だけではなくて、バチカンをはじめ多くの寺院や歴史的な建物の館内も同様です。

清野　では写真撮影について、アレックスさんが考える、迎える方と来訪者の双方が納得できる方法とは？

カー　ミャンマーで訪れた寺院では、撮影をしたい人に「特別撮影料金」を課していました。撮影料金を払った人は、カメラマンのＩＤカードのようなものを首にかけて、識別されるのです。それをヒントにしましょう。

京都の三十三間堂のように、大勢の人が来る場所ではＩＤカードだと目立たないので、腕章はどうだろう。でも、それだとちょっと権威的になってしまいそうだし……。法被（はっぴ）を着てもらったら、分かりやすくていいかもしれません。

清野　法被、ですか？

カー　おかしいでしょうか。

清野　いいえ、法被、いいアイデアだと思いますよ。私は着たくないけれども。

カー　それらをおかしいと思うのならば、ヨーロッパと同じように撮影を全面解禁することです。ショップの売り上げなど金銭面での不安があるのなら撮影費を課せばいい。いずれにせよ、そうすれば神経質なまでに多い「撮影禁止」の看板が日本から減って、来訪者に無駄なプレッシャーをかける必要がなくなります。

清野　この件について補足をすると、日本のスマートフォンは、写真を撮るときにシャッター音が鳴る仕様になっています。心静かに絵画や仏像を拝観しているときに、横の人がシャッター音を鳴らしながら写真を撮っていたら、それは迷惑です。

カー　確かにシャッター音の問題はありますね。特にスマホのシャッター音となると、国の社会状況につながる話ですし、また別に検討しなければならないでしょう。たとえば大きな場所は撮影可、小さくて静かな場所は不可とか。あるいは、一日のうちのある時間帯を「撮影可能時間」に設定するなどの方策が考えられます。

ただしこのテーマの大事な点は、融通の利かないやみくもな「撮影禁止」は、世界の潮流からは遅れている、ということです。

清野　ちなみに東京・六本木の森美術館で開催された現代美術家の村上隆さんの展覧会は、全面的に撮影が解禁され、「どんどん撮って、ハッシュタグを付けて、どんどん発信、宣伝してください」と告知されていました。私の知人は、それを見て「その手に乗るものか」と、逆に写真を撮らなかったそうですが。

カー　さすが名うての美術家ですね。

清野　要するに「禁止」とか「厳禁」とかいわなくとも、まともなマナーは自然に喚起される、ということでしょうか。

カー　私のいいたいことは、まさにそれです。

公共工事で観光振興を

カー　「禁止」をうるさくいわなくなれば、みんなが自然と禁を守る。そのような逆説のアプローチは、これからの日本の観光シーンには必要です。たとえば京町家の一棟貸しや、祖谷や小値賀のプロジェクトは、始めた当初は、地元の人たちから「こんな不便なところには誰も来ない」といわれたものです。しかし、その反対で大盛況となりました。

清野　成功の要因は何だったのでしょうか。

カー　不便な場所ということで、手つかずの景観が残っていたことだと思います。

一方、半世紀前に観光旅行の代名詞として日本各地で隆盛を誇っていた、大型旅館が立ち並ぶ温泉町は、人々のライフスタイルや志向が変わるにつれ、多くが時代遅れのものとしてさびれつつあります。

清野　観光をめぐるパラダイムは変わっています。

カー　この本でもたびたび書きましたが、日本では観光振興というと、景観の保全ではなく、道路、大型バス用の駐車場、「何々物産館」といったハコモノ建設に行き着いていきます。

観光振興のゴールが公共工事。さらに、オーバーツーリズムによって汚くなった国土や混雑した町の眺めを見た人たちは、旅行を楽しんだとしても、どこか心の中に日本を尊敬しない気持ちを持ち続けることでしょう。インバウンドの観光客にとっては、「日本はどこもゴミゴミしていたから、次はもっときれいな国に行こう」ということになりかねません。

清野　それでは観光立国とは、まったく逆の方向になってしまいます。

カー　地方にメーカーの大きな生産工場が来るとなったら、行政は何億円もかけて道路を作るわ、下水道を作るわ、電気工事はするわ、と、いろいろなインフラへの投資を行います。生産工場が町に来てくれれば雇用が増えるはずだと、どんどん予算をつぎ込むわけです。

一方で観光産業を促進するために、古民家再生や町並み整備に同じ予算をかけるかというと、なかなかそうはしない。それは、観光業が21世紀最大の産業であることが認識されていないからです。

います。

清野　経済的なインパクトでいえば、工場誘致も観光振興も、同じポテンシャルを持っています。しかも観光振興のために町並みを整備することは、文化の振興になり、町へのダイレクトな貢献になる。ということは、観光振興とは、ある意味で公共工事そのものなのかと思います。

カー　まさしくその通りです。

「桃源郷祖谷の山里」の茅葺き民家8棟の改修は、地元の徳島県三好市から依頼された「公共事業」でした。原資は三好市単独の予算と中央省庁から交付される補助金です。

国の補助金は昨今、地方から自立する力を奪っている、と批判される場面も多い。しかし過疎地を舞台にした祖谷のプロジェクトは、国の補助金と三好市の協力態勢がなければ実現できませんでした。観光促進や地域おこし、空き家対策といっても、やはり行政が積極的に取り組まないと、このような新しい試みは成功にいたりません。

清野　公共工事の中身を、道路作りやハコモノ作りといった土木一辺倒から、創造的な観光事業に差し替えていけばいいと強く思います。

カー　日本の社会の枠組みとして、公共工事依存は、当分変えることはできませんし、変わることもないでしょう。日本全国で、何らかの形で工事は続けないといけない。だったら、そこに観光と景観を組み入れましょう。それでゼネコンも潤うし、地元にとっても持続的な観光のベースができるはずです。

清野　そうやって中身を今求められるものへと変えていけば、失業する人をたくさん出さずにすむ。

カー　日本に必要な公共工事は、ふんだんにあります。たとえば電線の埋設が実現すれば、景観は劇的に向上します。高度経済成長期に護岸整備の名目で海岸線や川に流し込んだ大量のコンクリートも、今はエコの時代ですし、不必要な場所については、それをはがす工事をしてはいかがでしょうか。

清野　海岸線を元通りにして川の流れを復活させれば、観光振興の呼び水になることでしょう。土木工事が観光投資の一つになる。

カー　ただ地方の都市や町村では、まだそのように頭を切り替えてはいません。観光が21世紀の国を立てる一大産業だという認識に乏しく、過疎の町では、景観を破壊する工事が今も進んでいます。小さな市町村では、景観を整備するよりも住民の働き口を増やすために、車などの製造業の工場を一所懸命に誘致するのが善、といった意識のままです。

清野　第1章の冒頭で、17年にインバウンド数が2869万人に達し、その消費額が4兆4

162億円と、日本最大の自動車メーカーであるトヨタの過去最高益を抜いていることを記しました。

カー　しかも18年にはインバウンド数は3000万人を突破するとされ、今後、消費額はさらに大きくなっていくことが予想されます。だからこそ、時宜をとらえて観光の分野に積極的な投資を行っていかないと、次世代でのリターンまで失いかねないのです。

地域のプライドを取り戻す

清野　観光をめぐる最近の動きとして、京都の宿泊税導入があります。東京と大阪ではすでに十数年前から導入されており、むしろ京都ではまだだったのか、と思いましたが。

カー　観光関連の諸税については、ヴェネツィアが設けたような「訪問税」を検討してもいいでしょう。日本では2019年から国際観光旅行税（出国税）の徴収も始まりました。ただ、問題はその税金の使われ方です。新たな税収があったから、道路を作りましょう、観光会館を建設しましょう、ということにならないよう、使途として地元の観光振興のためになっているか、市民が常に注視しないといけません。

清野　今の日本は自分たちの持っている資産を、正しく見積もる力に欠けていることが気になります。とりわけ地方では、自分たちが持っているものを過小評価するか、過大評価するか、どちらかに偏っています。

カー　都会から不動産会社がやってきて建物を作り、旅行業者がそこにお客を連れてくる、といった他力に頼ってきた印象も強く、観光振興への姿勢も消極的ですね。

清野　自分たちが持っているものの価値を再発見するには、何が必要でしょうか。

カー　自分の町に対する誇りです。日本の山奥のひっそりとした土地には、すばらしい景観や文化が残り、人々が代々受け継いできたお祭りや食文化が息づいています。それらこそ、世界からの観光を惹きつける大きな魅力です。そのことに気づき、まず誇りを取り戻さなければなりません。

今の時代に力を持つのは、旅行代理店に代表される「エージェント」ではなく、「コンテンツホルダー」です。景観や文化というコンテンツを持つ日本の地方は、その点においてまさしくコンテンツホルダーであり、エージェントに負けてはいけない。一方でエージェントも大事な役割を果たしていますので、彼らにも理解を求め、関係者たちが手をつないで観光の新しい形を一緒に作れればいいと思います。

そのような努力を放棄し、自分たちの文化に誇りを持たず、目先の利益で貴重なコンテンツと大事な資源を破壊してしまうことが続けば、それこそが「観光亡国」です。

清野　本書で述べてきたことの基本となる考え方を繰り返しますと、観光がその地域に利すること、観光が文化をダメにしないことの二つに集約できます。また、アレックスさんとのダイアログを通じて、観光振興が景観向上と表裏一体であることもあらためて認識できました。

カー　日本は長い鎖国を経て、明治時代に開国しました。世界から観光客が押し寄せて、国のシステムを脅かし始めた今は、明治時代以来の新しい開国のタイミングです。国が変わろうというのであれば、当然ですが、そこには巨大な軋轢が生まれます。そこで適切なマネージメントとコントロールがうまくなされた場合は、その後に本当に大切な、持続可能な立国が待っています。

清野　もう一度おたずねします。それを成功に導くためには、どうしたらいいでしょうか。

カー　問いかけ続けるしかありません。

おわりに

観光は日本を救う一大産業

今一度、21世紀に日本が生き残るために、観光の創出と育成が必要不可欠であることを強調したいと思います。現在の日本では高齢化と少子化に伴う人口減少、地域の過疎化、空き家問題、経済停滞といった社会課題が山積しています。その状況の中で観光とは、地方はもちろん都会も含めて、日本という国を救う可能性を持つ一大産業です。

私が観光に産業としての可能性を見出し、みずから新しいビジネスの枠組みを考え、実践し始めたのは１９８０年代に遡ります。高度経済成長の名残がまだあった、当時の日本の社会的課題とは、都会の人口増や住宅不足にどう対応するかということでした。つまり現在とまったく反対だったのです。国の基幹産業も輸出が見込まれる製造業で、観光はその文脈でとらえられていませんでした。

観光の旗を一所懸命に振っていた私にしても、30年後に観光過剰や観光公害が大きな社会問題になるなどとは、思いもよらないことでした。

政府はインバウンド目標を2020年に4000万人と設定しています。この数字を設定したことに私も賛成ですし、さらにいえば6000万人になってもいいと考えます。観光先進国のフランスはすでに、年間8000万人以上を受け入れています。

そのかわり、きわめて重要になるのが、本書で繰り返し記した適切な「マネージメント」と「コントロール」です。それができて初めて、6000万人、7000万人、8000万人という規模のインバウンド誘導が実を結ぶのです。

多様性を担保する

進化生物学者、ジャレド・ダイアモンドが著した『銃・病原菌・鉄（上）（下）――1万3000年にわたる人類史の謎』（倉骨彰訳、草思社文庫）は人類の進化について、非常に大きな視野からアプローチした面白い本です。多くの示唆の中に、中国の「明(みん)」の海洋パワーがいかにして滅びたか、という印象的なくだりがあります。

14世紀から17世紀まで続いた明の時代、中国の海軍は強大な力を蓄えて、インド洋全域を制します。この力をもってすれば、太平洋も治められたし、さらに新世界のアメリカ大陸を発見してもおかしくありませんでした。

しかし、明にはそれができなかった。なぜか？

その問いに対して、ダイアモンドは中国の伝統的な中央集権体制に答えを求めます。皇帝一人がすべてを決める体制は、帝国としての明の強さの源でしたが、海に興味のない人が皇帝になった時点で、すべてが裏目に出る。そこで、海洋への発展が途切れてしまったのです。

一方、中国よりもずっと国力が弱かったはずのスペインが、16世紀の大航海時代を経て「太陽の没することなき帝国」となり、世界に君臨します。それはスペイン王室が支援したクリストファー・コロンブスがアメリカ大陸を発見したおかげでした。

ではなぜ、コロンブスはそれを実現できたのかというと、ヨーロッパでは狭い土地の中にさまざまな国がひしめいて、競争し合っていたからです。イタリア人であるコロンブスの提案は、ポルトガルやその他の有力国から次々と断られましたが、最終的にスペインがスポンサーになって実現しました。つまり、多様な国がそれぞれの思惑を持ち、戦略を設けたことで、コロンブスの航海も可能になったのです。

大きな文明論を例に引きましたが、観光振興についても、同じことがいえるのではないでしょうか。ヨーロッパやアメリカなどは、今も町や州のレベルで、それぞれに独自の観光戦略を設けて、自分たちの考えをいろいろと試しています。そしてそこから新しいアイデアや、観光公害への対策が生まれてきています。

対して日本の現状は、都市も地方も中央集権的な類型が目につきます。

たとえば民泊新法など、融通の利かない法律を、全国一律にかけてしまう。

離島や小村に、大型クルーズ船や大型バスによる大量観光を誘導する。

景観の美しい地方の町に、超高層タワーを建設する。

どれも、底に流れるのは前世紀の工業型社会の価値観であり、クリエイティブな思考と多様性に欠けています。いつまでもそれを続けていては、観光産業の土台はますます脆弱なものになり、観光だけではなく国全体まで先細りしてしまいます。

「慣性」から抜け出そう

科学には「慣性の法則」があります。「慣性」とは、物質が外力によって変化を与えられない限り、静止状態、または直線的な等速運動を続けるというものです。ある対象に対して何も働きかけないでいると、それは止まったままか、もしくはそれまでの動きを止められず、前へと進んでしまう。すなわち「放っておくと必ず起こる現象」ということになるでしょう。

科学には「エントロピーの法則」もあります。ある現象は、それを放っておくと、秩序が無秩序に発展していくというものです。

観光の分野では「放っておいたことによって起こった」事例はたくさんあります。たとえば市場の場合、そこに来る観光客が増えると、食べ歩き用のスナックやソフトクリーム、チープな土産物を売る店が増え、逆に伝統的な食品を売る店が減るという現象が、世界中どこでも、必ずといっていいほど起こります。

比喩的にいってみれば、これは観光に宿る「慣性」であり、エントロピーの法則です。秩序が無秩序に変わっていく前に適切な対策を講じなければ、伝統的な市場や商店街はやがて、抹茶ソフトクリームと串刺しフルーツだらけの、つまらない観光通りへと転じていきます。

Airbnb不動産にも、町の空洞化にいたる慣性が見受けられます。あるいは世界遺産に登録された場所に、一過性の観光客が一気に押し寄せることもそうです。それらが地域や町にカオスをもたらすことは、もはや「予期されなかった」現象ではありません。

日本にはもう一つ、特有の危ない「慣性」があります。道路工事などの公共工事です。

その多くは、事業が地域に与える影響が正しく評価される以前に、慢性的に進められているものです。インバウンド促進の名のもとで発生する「慣性」は、道路の拡張や大型駐車場、歓迎ホールや資料館の建設など、新たな公共工事ラッシュを呼び、それらは日本の国土と景観に打撃を与えます。この原理は、あまりに根深く国のシステムの中に組み込まれており、観光というテーマにおいてすら、多大な影響を及ぼしています。

日本でインバウンドが爆発的に増えたのはこの数年のことであり、世界の観光ブームの文脈から見れば後発国です。

数年前まで、そうした観光における「慣性」は、世の中でまだ十分に理解されていませんでした。しかし現在、観光を科学的に分析する事例には事欠きません。とりわけヨーロッパ諸国やタイなどでは、数十年前からオーバーツーリズムと戦ってきた歴史があるので、彼らの経験からは多くを学ぶことができるでしょう。

伝統的な商店街を守るためには、観光客が増え始めた初期の段階で、商店街のオーナーたちや行政が対応策を打ち出さなければいけません。公共工事による景観への打撃を抑えるためには、役所の人も一般市民も、それが本当に必要な工事なのか、チェックしなければなりません。

観光立国を成し遂げるために

製造業が躍進した昭和時代の日本では、排ガスや水質汚染などの工業公害が発生して、多くの人が苦しみました。しかも経済成長の最中だったこともあって、公害対策のスタート時期が遅れた印象があります。

それでもいざ始めたら、成果は目に見えて上がっていきました。日本の技術力、マネージメント力は、やはり優秀なのです。

昭和の大量生産時代に起きた公害のように、観光過剰が引き起こす数々の問題への対策も、今こそしっかり検討し、その力を用いることで必ず成果は出るはずです。

ただ、すでに深刻な状態になっているのに、その認識が遅れていることは、大きく危惧されるところです。今のうちにマネージメントの視点を定め、コントロール技術を高めていかないと、観光公害、観光汚染は悪化し、ひいては最も大事な資産である日本という国の魅力を失う事態になりかねません。それは誰にとっても最悪のシナリオです。

インバウンドの増加自体は喜ばしいことです。それと同時に私たちには、「観光立国」が「観光亡国」に陥らない努力と方策が早急に求められているのです。

ラクレとは…la clef=フランス語で「鍵」の意味です。
情報が氾濫するいま、時代を読み解き指針を示す
「知識の鍵」を提供します。

中公新書ラクレ
650

観光亡国論（かんこうぼうこくろん）

2019年3月10日初版
2020年2月25日再版

著者……アレックス・カー　清野由美（きよのゆみ）

発行者……松田陽三
発行所……中央公論新社
〒100-8152 東京都千代田区大手町1-7-1
電話……販売 03-5299-1730　編集 03-5299-1870
URL http://www.chuko.co.jp/

本文印刷……三晃印刷
カバー印刷……大熊整美堂
製本……小泉製本

Published by CHUOKORON-SHINSHA, INC.
Printed in Japan　ISBN978-4-12-150650-4　C1258

L605
新・世界の日本人ジョーク集

早坂　隆 著

シリーズ累計100万部！　あの『世界の日本人ジョーク集』が帰ってきた！　AI、観光立国、安倍マリオ……。日本をめぐる話題は事欠かない。やっぱりマジメ、やっぱり英語が下手で、曖昧で。それでもこんなに魅力的な「個性派」は他にいない！　不思議な国、日本。面白き人々、日本人。異質だけれどスゴい国。世界の人々の目を通して見れば、この国の底力を再発見できるはずだ。激動の国際情勢を笑いにくるんだ一冊です。

L607
独裁の宴（うたげ）
——世界の歪みを読み解く

手嶋龍一＋佐藤　優 著

中露北のみならず、いつのまにか世界中に独裁者が〝増殖〟している。グローバリゼーションの進展で経済も政治も格段にスピードが速くなり、国家の意思決定はますます迅速さが求められるようになっているためか、手間もコストもかかる民主主義に対し市民が苛立ちを募らせている。これが独裁者を生み出す素地になると本書は指摘する。だからといって民主主義は捨てられない。こんな乱世を生き抜くための方策を、両氏が全力で模索する。

L609
ご先祖様、ただいま捜索中！
——あなたのルーツもたどれます

丸山　学 著

自分のルーツを900年遡ったのをきっかけに、先祖探しと家系図作りの魅力にとりつかれ、ついにはそれを本業にしてしまった行政書士。古文書を読み込み、お墓の拓本をとり、菩提寺や本家を取材、依頼人のご先祖様の暮らしぶりに迫る。多数の事例を通して、プロの調査手法を一挙公開、自力での先祖探しのコツも伝授する。ファミリーヒストリーを辿りたい人にとって必読の一冊である。

L610
政治人生
——国難を憂い、国益を求む

鈴木宗男 著

目の前の国難に対して政治と外交が果たすべき役割は大きい。多極化の時代、転換期に突入する世界をどう読むか。国内では少子高齢化が進み、農業・教育問題も対応が迫られる。北海道に生まれ、政治家にあこがれた少年は後に代議士となり、長い年月「国益」を追求して政治の道を歩んできた。日本をよりよくしたいとの思いを胸に、鈴木宗男がこれからの政治と外交を熱く語る。混迷する政治に対して未来を見据えた政策を提言する。

L611

50歳からの人生術
——お金・時間・健康

保坂　隆 著

人生後半の質は、自分自身で作るもの。お金があるからといって幸せとは限らない——。精神科医として長年中高年の心のケアをしてきた著者は、人生後半で大切なのは「少ないお金でも心豊かに過ごすこと」だと説く。定年を意識し始める50歳から、「老後のためにお金を貯める」のではなく「今を大切にしながら暮らしを考える」ことで、お金の不安を静かに解きほぐし、「楽しい老後」への道を開く！　心が軽くなるスマートな生き方のヒントが満載。

L613

英国公文書の世界史
——一次資料の宝石箱

小林恭子 著

中世から現代までの千年にわたる膨大な歴史資料を網羅する英国国立公文書館。ここには米国独立宣言のポスター、シェイクスピアの遺言書、欧州分割を決定づけたチャーチルの手書きメモから、夏目漱石の名前が残る下宿記録、ホームズへの手紙、タイタニック号の最後のSOS、ビートルズの来日報告書まで、幅広い分野の一次資料が保管されている。この宝石箱に潜む「財宝」たちは、圧巻の存在感で私たちを惹きつけ、歴史の世界へといざなう。

L614

奇跡の四国遍路

黛　まどか 著

二〇一七年四月初旬、俳人の黛まどかさんは、総行程一四〇〇キロに及ぶ四国八十八か所巡礼に旅立った。全札所を徒歩で回る「歩き遍路」である。美しくも厳しい四国の山野を、施しを受け、ぼろ切れのようになりながら歩き継ぐ。倒れ込むようにして到着した宿では、懸命に日記を付け、俳句を作った。次々と訪れる不思議な出来事や奇跡的な出会い。お遍路の果てに黛さんがつかんだものとは。情報学者・西垣通氏との白熱の巡礼問答を収載。

L615

「保守」のゆくえ

佐伯啓思 著

世界の無秩序化が進み日本も方向を見失っている今、私たちは「保守とは何か」を確認する必要に迫られている。そのなかで成熟した保守思想の意味を問い直し、その深みを味わいある文章で著したのが本書だ。「保守主義は政治の一部エリートのものではない。それは自国の伝統にある上質なものへの敬意と、それを守る日常的な営みによって支えられる」と著者は述べる。本書が見せる保守思想へのまなざしは、時に厳しくもまた柔軟で人間味豊かだ。